Julian Schatz

Ein Ungleiches Paar? Gewinnmaximierung und ökologisch nachhaltiges Wirtschaften bei der Erschließung mineralischer Ressourcen

Erdöl in Sibirien, Ölsand in Kanada, Kohlebergbau in China

GRIN Verlag

Bibliografische Information der Deutschen Nationalbibliothek:

Die Deutsche Bibliothek verzeichnet diese Publikation in der Deutschen Nationalbibliografie; detaillierte bibliografische Daten sind im Internet über http://dnb.d-nb.de/ abrufbar.

Impressum:

Druck und Bindung: Books on Demand GmbH, Norderstedt Germany
ISBN: 978-3-640-20681-0

Dieses Buch bei GRIN:

http://www.grin.com/de/e-book/118018/ein-ungleiches-paar-gewinnmaximierung-und-oekologisch-nachhaltiges-wirtschaften

Universität Stuttgart
Institut für Geographie
Hauptseminar Physische Geographie
Rahmenthema:
Aktuelle Fragen zur Physischen Geographie

Stuttgart, den 31. Oktober 2007

Ein ungleiches Paar?

Gewinnmaximierung und ökologisch nachhaltiges Wirtschaften bei der Erschließung mineralischer Ressourcen.

Ausarbeitung:
Julian Schatz

Inhaltsverzeichnis:

1. Einleitung 7
2. Erdölförderung in Sibirien und daraus resultierende ökologische Probleme 8
2.1 Einleitung und geographischer Überblick über Westsibirien 8
2.2 Transport des Westsibirisches Öls durch Pipelines 11
2.2.1 Schäden durch intakte Pipelines 13
2.2.2 Marode Pipelines bergen ein hohes Gefahrenpotential 14
2.2.3 Der „Komi Oil Spill“ 14
2.3 Indigene Völker leiden unter den Erdölreserven 15
2.4 Das Samotlor-Ölfeld 17
2.5 Abfackeln von Begleitgasen 19
2.6 Dämme und Plattformen aus Sand 20
2.7 Fazit und Ausblick 24
3. Ölsandförderung in Alberta, Kanada 25
3.1 Einleitung 25
3.2 Geographischer Überblick 27
3.3 Abbaumethoden (Tagebau und in-situ Verfahren) 30
3.4 Erschließung einer Lagerstätte im Athabaska-Gebiet 34
3.5 Ökologische Folgen der Ölsandförderung 36
3.6 Die 'First Nations' in Ölsandgebieten 39
3.7 Ausblick 39
4. Kohlebergbau in China 41
4.1 Überblick 41
4.2 Kohlevorkommen in China 43
4.3 Ökologische Probleme bei der Kohlengewinnung 45
4.3.1 Luftverschmutzung und Saurer Regen 45
4.3.2 Kohlefeuer 46
4.3.3 Landschaftsumgestaltung und Wasserverschmutzung durch Kohlenwaschung 49
4.4 Ausblick 50
5. Fazit 51
Literatur 53

Abbildungsverzeichnis:

Abbildung auf dem Titelblatt: Ausgelaufenes Rohöl im Samotlor-Gebiet wird angezündet und verbrannt. 1

Abbildung 1: Grobe Einordnung der Westsibirischen Ebene im Eurasischen Kontinent. 10

Abbildung 2: Der Wirtschaftsraum Westsibiriens und die südliche Ausdehnung des Permafrostes. 11

Abbildung 3: Russisches Pipelinenetzwerk, sowie Gebiete mit prospektiver bereits stattfindender Ölförderung. 12

Abbildung 4: Der Dauerfrostboden in Russland verliert von Nord nach Süd an Mächtigkeit (schematische Darstellung). 12

Abbildung 5: Pipelinebau im Dauerfrostboden und Wandern der Röhre durch Auftauen des Bodens. 13

Abbildung 6: Ausgelaufenes Öl aus gebrochenen Pipelines verschmutzt Wälder, Böden und Gewässer. Solche Unfälle sind nicht Ausnahme, sondern Alltag. 15

Abbildung 7: Rentierhaltung in Sibirien. 16

Abbildung 8: Das westsibirische Erdölgebiet um Surgut und Nishnevartovsk mit dem Samotlor-See. 17

Abbildung 9: Ausgelaufenes Erdöl im Samotlor-Gebiet 18

Abbildung 10: Ausgelaufenes Rohöl im Samotlor-Gebiet wird angezündet und verbrannt. 19

Abbildung 11: Erdölförderung im Sumpfwaldgebiet nördlich von Surgut (nach Satellitenfoto). 20

Abbildung 12: Künstliche Bohrinsel im Samotlor-See. 21

Abbildung 13: Wassererosion an einer Straßenböschung in Nordsibirien. 21

Abbildung 14: Junges Sandsediment in einer Aue in Nordsibirien. 22

Abbildung 15: Junge 3 bis 5 m hohe Terrasse eines Flusses in Nordsibirien. 22

Abbildung 16: Sandentnahme im Norden Sibiriens. 23

Abbildung 17: In den vergangenen Jahrzehnten entstandene Düne in Nordsibirien. 23

Abbildung 18: Die am stärksten wachsenden Klimasünder. Anstieg des CO2-Ausstoßes in Prozent von 1990 bis 2003 (Nur Kyoto-Länder berücksichtigt). 25

Abbildung 19: Förderentwicklung der flüssigen Kohlenwasserstoffe Albertas. 26

Abbildung 20: Ölsandlagerstätten in Alberta. 27

Abbildung 21: Albertas Ölsandregionen Peace River, Athabasca River und Cold Lake. Die Karte zeigt auch, wo Tagebau (mining) und in-situ Verfahren Anwendung finden. 28

Abbildung 22: Schematisiertes geologisches Überblicksprofil durch die Ölsandgebiete Albertas. 28

Abbildung 23: Geologisches Profil des Ölsandgebiets von Fort McMurray. 29

Abbildung 24: Explorationsbedingungen in Alberta an der Oberfläche. 29

Abbildung 25: Explorationsprobleme in Nord-Alberta in der frostfreien Zeit. 30

Abbildung 26: Tagebaugrube im Athabasca Gebiet 30

Abbildung 27: Satellitenaufnahme von Bohrlöchern und Zugangsstraßen am Long Lake. 32

Abbildung 28: Schematische Darstellung der Bitumengewinnung in-situ aus tiefliegender Lagerstätte. 33

Abbildung 29: Lage der Firma Syncrude im Athabasca Gebiet nördlich von Edmonton, sowie Verteilung von konventioneller Ölförderung und Athabasca Ölsanden. 34

Abbildung 30: Athabasca Ölsandgebiet vor dem Projektbeginn der Firma Syncrude 1961 und die Flächen der Betriebsanlagen der Firma Syncrude mit dem geänderten Entwässerungssystem 1991. 35

Abbildung 31: Zonen um Bohrlöcher und Zugangstraßen am Long Lake, die von Wildtieren gemieden werden. 37

Abbildung 32: Veränderung der Population der East Side Athabasca River Caribou Herde. 38

Abbildung 33: Wahrscheinlichkeit des Auftretens von Fischmardern, Luxen und Mardern in Ölsandabbaugebieten im Vergleich mit Gebieten ohne menschlichen Eingriff. 38

Abbildung 34: Anteile der Energieträger am Primärenergieverbrauch 2003 In China. 41

Abbildung 35: Chinas Vormachtstellung in der Kohleförderung weltweit im Jahr 1998. 42

Abbildung 36: Kohlenregionen Chinas: Anteil an den Gesamt-Kohlereserven und an der stratigraphischen Position der Lagerstätte. 44

Abbildung 37: Die bedeutendsten Kohlenlagerstätten Chinas (Bergwerke und Tagebaue). 44

Abbildung 38: Schematische Darstellung eines Kohleflözbrandes 46

Abbildung 39: Unterirdisch brennendes Flöz glüht wie Magma in den Erdspalten. Risse, Brüche und Rauchfahnen im blaugrau verglosten Gestein verraten die Aushöhlung des Geländes. Nicht weit davon entfernt fahren Bergleute in eine Zeche ein. 47

Abbildung 40: Kohleflözbrände in China mit Unterteilung in Provinzen. 48

Abbildung 41: Bulldozer decken gelöschte, aber immer noch rauchende Kohlenflöze im „Schwefeltal“ bei Ürümqi mit Erde ab. 48

Abbildung 42: Ein entkräftetes Muli vor einem Karren mit 850 Kilo Kohle in Bingdong Shan. Ähnlich primitiv sind die Fördermethoden in allen meist illegalen Kleinstzechen in der Provinz Shanxi. 49

Tabellenverzeichnis:

Tabelle 1: Erdölreserven und Ölverbrauch von 1995 bis 2005 unterteilt in übergeordnete geographische Einheiten und weltweit zusammengefasst. 8

1. Einleitung

Wo mineralische Ressourcen vorkommen, ist meistens auch viel Geld zu verdienen. Das ist schon lange bekannt und hat in der Geschichte zu etlichen Kriegen um die begehrten Rohstoffe geführt. Die größte Bedeutung haben nach wie vor die fossilen mineralischen Energieträger Erdöl, Erdgas und Kohle. Die Entdeckungen großer Lagerstätten haben schon vielen davor wirtschaftlich eher bedeutungslosen Ländern zu einem kometenhaften Aufstieg in der Hierarchie der globalen Wirtschaft verholfen. Was wären Saudi-Arabien und die übrigen Golfstaaten ohne ihre reichlichen Erdölreserven? Wahrscheinlich wären sie nur Wüstengebiete, in denen die Bewohner einen täglichen Kampf gegen die Trockenheit und die Kargheit der Landschaft führen würden. Der riesige Energiebedarf der hoch industrialisierten Länder der Welt erzeugt für diejenigen ohne ausreichend eigenen Rohstoffen einen hohen Druck, den Bedarf auf möglichst lange Zeit zu sichern. Das bringt gewaltige Mengen an Kapital ins Spiel, mit dem die energieträchtigen Ressourcen eingekauft werden. Dabei ist mit dem Gewissen der Endkunden nicht weit her, wenn es darum geht unter welchen Bedingungen die gekauften Rohstoffe der Erde abgerungen wurden. Eine allzu ethische und ökologische Einkaufsmoral würde mit Sicherheit früher oder später zu einem Ansteigen der Preise führen, denn die Länder, in denen die begehrten Güter gewonnen werden, würden gezwungen, nachhaltigere Methoden im Abbau einzuführen. Da die Abnehmer so wenig wie möglich bezahlen wollen und die Produzenten von Rohstoffen soviel wie möglich verdienen wollen, ist der Zustand der Natur in den Förderregionen oftmals katastrophal. Landschaftsumgestaltung durch Tagebau, Austreten von Öl aus leckenden Pipelines und saurer Regen sind nur einige von vielen Problemen, die lokale Ökosysteme gefährden. In vielen Fördergebieten werden zudem beträchtliche Mengen an Treibhausgasen in die Atmosphäre emittiert und liefern demzufolge einen nicht unwesentlichen Beitrag zum globalen Klimawandel.

Ein gänzlich umweltverträglicher Abbau von fossilen Ressourcen ist unmöglich. Anhand der drei folgenden Beispiele soll gezeigt, wie es um eine Annäherung an dieses unerreichbare Ideal in den ausgewählten Förderregionen der Erde bestellt ist. Die konventionelle Ölförderung im russischen Westsibirien und die Gewinnung nicht-konventionellen Öls aus Ölsanden im kanadischen Alberta zeigen, welche Probleme im subarktischen Bereich mit seinen empfindlichen und sich schwer regenerierenden Ökosystemen durch den Abbau des Öls entstehen können. Als letztes Beispiel folgt der Kohlebergbau in China, der ebenfalls erhebliche Auswirkungen auf Mensch und Umwelt hat.

2. Erdölförderung in Sibirien und daraus resultierende ökologische Probleme

2.1 Einleitung und geographischer Überblick über Westsibirien

Weltweit ist Erdöl nach wie vor die wichtigste Energiequelle. Im Jahr 2005 wurden laut EXXON (2006), global gesehen, insgesamt fast vier Milliarden Tonnen des Rohstoffs verbraucht (siehe Tabelle 1). Um die ständig wachsende Nachfrage befriedigen zu können und die Erdölversorgung auf lange Sicht zu sichern, werden immer neue Fördergebiete entdeckt, die erst durch moderne Verfahren erschließbar geworden sind. Im Vordergrund steht ungünstigerweise die Gewinnmaximierung der Ölkonzerne, die mit einer nachhaltigen und ökologisch verträglichen Behandlung der Landschaft bei der Erdölförderung unvereinbar ist. Ob der Abbau von Erdöl überhaupt ökologisch verträglich sein kann, darf bezweifelt werden. Es könnten aber viele Ölkatastrophen verhindert werden, würde man beispielsweise mehr in eine funktionierende, leckfreie Pipeline-Infrastruktur investieren.

In Regionen, in denen die Natur besonders empfindlich auf Störungen und Schädigungen reagiert, herrschen durch die Ölgewinnung katastrophale Zustände. Westsibirien zum Beispiel, ein Gebiet fast siebenmal so groß wie Deutschland, ist so ein Problemfall. Die reichlich vorhandenen mineralischen Ressourcen sind der Natur und den dort lebenden indigenen Völkern zum Verhängnis geworden. Mittlerweile sind hier nämlich ungefähr

Tabelle 1: Erdölreserven und Ölverbrauch von 1995 bis 2005 unterteilt in übergeordnete geographische Einheiten und weltweit zusammengefasst.
(Quelle: Eigene Darstellung, zusammengestellt aus Zahlen von ExxonMobile Central Europe Holding GmbH 2006)

In Millionen Tonnen		1990	1995	2000	2005
Europa	*Reserven*	2.214	2.400	2.585	2.206
	Verbrauch	716,5	731,0	751,7	768,8
Russ. Föderation (90;UdSSR)	*Reserven*	7.755	7.555	7.754	10.587
	Verbrauch	404,6	210,7	167,9	178,3
Afrika	*Reserven*	7.971	9.760	9.994	13.702
	Verbrauch	94,2	103,2	118,7	134,3
Naher Osten	*Reserven*	89.983	89.574	92.785	100.962
	Verbrauch	164,6	181,4	227,1	270,8
Nord- und Südamerika	*Reserven*	21.023	21.462	20.577	43.075
	Verbrauch	1097,4	1162,1	1296,8	1371,4
Süd-/Ostasien	*Reserven*	6.788	5.939	5.931	4.852
	Verbrauch	652,9	845,3	975,6	114,7
Welt gesamt	***Reserven***	**135.734**	**136.890**	**139.626**	**175.384**
	Verbrauch	**3.130,2**	**3.233,7**	**3.537,8**	**3.838,3**

840.000 Hektar Land ölverseucht (SCHÄFER et al. 2006:36). Da in der Tundra und Taiga Westsibiriens natürliche Abbauprozesse von Rohöl langsamer ablaufen als in gemäßigten Regionen (vgl. WEIN 1996:383), verschlimmern sich die Auswirkungen von ausgetretenem Öl in der Landschaft.

Das Austreten von Erdöl ist aufgrund von Nachlässigkeiten bei der Erschließung, dem Abbau und der Instandhaltung des wertvollen Rohstoffes in Russland an der Tagesordnung. Dies geschieht durch unzureichende Umweltschutzmaßnahmen seitens der Ölkonzerne und durch laxe Umweltauflagen des Staates sowohl beim Abbau als auch beim Transport durch Pipelines. Das empfindliche Ökosystem der Taiga und Tundra Westsibiriens, das Jahrzehnte braucht, um sich von Schäden zu erholen, wird dadurch massiv in Mitleidenschaft gezogen, und die Natur muss unter ihren reichen Bodenschätzen leiden. Beispielsweise wird eine wichtige Lebensgrundlage der traditionellen Bevölkerung, die Rentierzucht, immer weiter durch die Erdölförderung zerstört. Anhand dieser negativen Auswirkungen wird deutlich, dass der Gewinn, der mit dem reichlich vorhandenen Erdöl in Westsibirien zu erzielen ist, einem ökologisches Bewusstsein nur bedingt zur Ausprägung verholfen hat.

Um dieses nun mit Beispielen zu verdeutlichen, soll im Folgenden auf die Erschließung und den Abbau der Erdölvorkommen im Samotlor-Ölfeld bei Surgut und Nishnevartovsk, sowie auf die daraus resultierenden ökologischen Folgen in der Umgebung des Ölfeldes eingegangen werden. Des Weiteren wird der Fokus auf das Gefahrenpotential von Pipelines für die Umwelt gelegt, die das Öl zu den Absatzmärkten in Russland und Europa transportieren. Von einer Umweltmoral in den Verbraucherländern Europas kann keine Rede sein, da für diese lediglich der Preis des Erdöls von Interesse ist, nicht aber, mit welchen Methoden und ökologischen Folgen der Abbau und Transport bewerkstelligt wird.

Um einen besseren Überblick von der geographischen Einordnung Westsibiriens in seine Umgebung zu erhalten, ist es sinnvoll, auch die diese Region umgebenden räumlichen und tektonischen Einheiten sowie die dort vorherrschenden Vegetationszonen kurz zu beleuchten. In ihrem Buch „Ökonomische Geographie der Sowjetunion" unterteilen GERLOFF und ZIMM (1978) Russland in vier große tektonische Einheiten: Die Russische Tafel, die Sibirische Tafel, die Uralisch-sibirische Tafel mit der Turanplatte und der ferne Osten und Nordosten. Während die Russische und die Sibirische Tafel ein präkambrisches, kristallines Grundgebirge aufweisen, befindet sich im fernen Osten und Nordosten ein Gebiet der mesozoischen Faltungsära. Westsibirien, beziehungsweise die Westsibirische Platte, gehört zur tektonischen Einheit der Uralisch-sibirischen Tafel und liegt im Zentrum Russlands, östlich des Urals. Die Westsibirische Platte, deren geomorphologisches Pendant die

Westsibirische Ebene (siehe Abbildung 1) genannt wird, ist eine junge Tafel, weist aber ähnliche Strukturen im tektonischen Aufbau auf, wie sie bei den alten Tafeln vorkommen.

Abbildung 1: Grobe Einordnung der Westsibirischen Ebene im Eurasischen Kontinent.
(Quelle: leicht verändert nach: BIOLOGIE.DE 2006)

Auf dem paläozoisch gefalteten Fundament liegen mesozoische und kanäozoische Schichten, die bis zu 4000 Meter Mächtigkeit erreichen und reich an Rohstoffen sind, davon insbesondere an Erdöl und Erdgas. Diese Deckschichten konnten sich ungestört ablagern und verhelfen der Westsibirischen Ebene zu ihrer Ebenheit der Oberfläche.

Das Gebiet Westsibiriens, in dem hauptsächlich Erdöl gefördert wird ist in zwei Vegetationszonen aufgeteilt, die Tundra und die Taiga. Die Tundra erstreckt sich über das Gebiet nördlich des 66. Breitengrads, was in etwa dem Nördlichen Polarkreis entspricht. Südlich davon reicht die Taiga bis auf ungefähr 62° nördlicher Breite (siehe Abbildung 2 und 4). Diese Zonen, vor allem die Tundra, sind durch Permafrostboden gekennzeichnet, der nach Süden hin, aufgrund von höherer Einstrahlung und wärmeren Sommern, an Mächtigkeit verliert. Der Permafrostboden reagiert durch die langsam ablaufenden Regenerationsprozesse sehr empfindlich auf Störungen, wie sie beispielsweise (lecke) Pipelines mit sich bringen. Er braucht Jahrzehnte um sich von Beschädigungen zu regenerieren. Aber auch die Taiga, gekennzeichnet durch den Borealen Nadelwald, der von Sümpfen und Mooren durchzogen ist, hat ein sehr empfindliches Gewässersystem, das durch Ölverschmutzung bereits schwere Schäden erlitten hat.

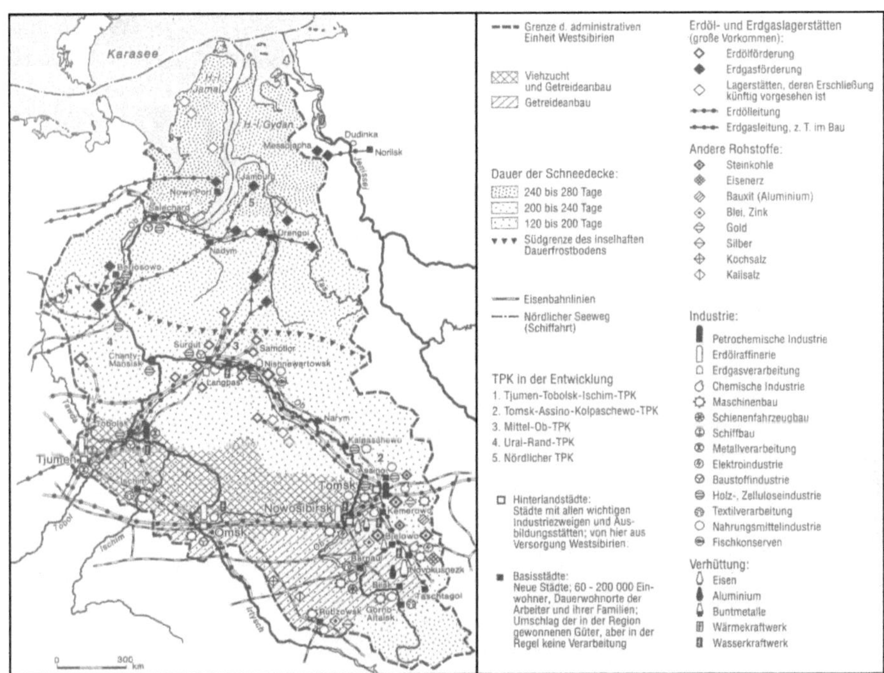

Abbildung 2: Der Wirtschaftsraum Westsibiriens und die südliche Ausdehnung des Permafrostes. (Quelle: BENDER & WEBER 1990:41)

2.2 Transport des Westsibirisches Öls durch Pipelines

Die riesigen Fördermengen aus den westsibirischen Ölfeldern werden über ein Pipelinenetzwerk (siehe Abbildung 2 und 3) zu den Absatzmärkten, beziehungsweise den Raffinerien, in Europa und den dichter besiedelten Westen Russlands transportiert. Neben den Eingriffen in die Natur, die bereits durch den Bau und später durch die Wärmeabgabe der Pipelines an den Boden erfolgen, liegt das Hauptproblem in der Wartung der kilometerlangen Pipelines. Grobe Nachlässigkeiten seitens der Ölfirmen werden scheinbar billigend in Kauf genommen. Bei den permanent auftretenden Lecks kann bei weitem nicht mehr von Unfällen oder einzelnen Schadensereignissen die Rede sein. Viel mehr muss der marode Zustand vieler Pipelines wirtschaftlichen Berechnungen zu Grunde liegen, die den entstehenden Ölverlust und die daraus resultierende Ölverschmutzung mit Einsparungen bei der Instandhaltung aufwiegen. Die Schäden, die dabei für Mensch und Umwelt entstehen, scheinen nur von sekundärem Interesse zu sein. Ein Umweltgewissen tritt lediglich dann zu Tage, wenn einzelne Schäden, wie beispielsweise der Bruch eines Ölrückhaltebeckens bei Usinsk im Jahre 1994, extreme Ausmaße annehmen und das mediale Interesse geweckt wird. Die entstandenen Umweltschäden werden dann eifrig mit modernster Technik und hohem Kostenaufwand medienwirksam bekämpft.

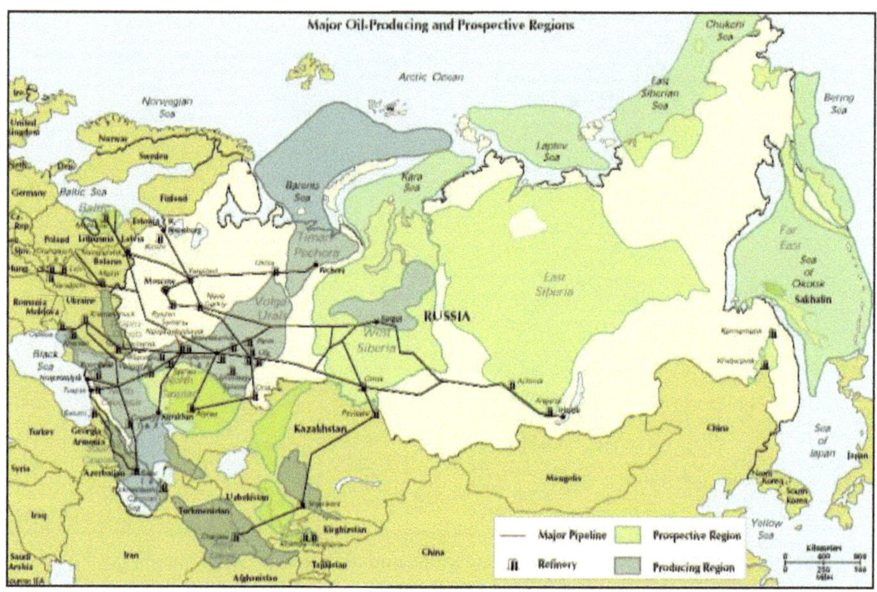

Abbildung 3: Russisches Pipelinenetzwerk, sowie Gebiete mit prospektiver und bereits stattfindender Ölförderung. (Quelle: PRIDDLE 1994:124)

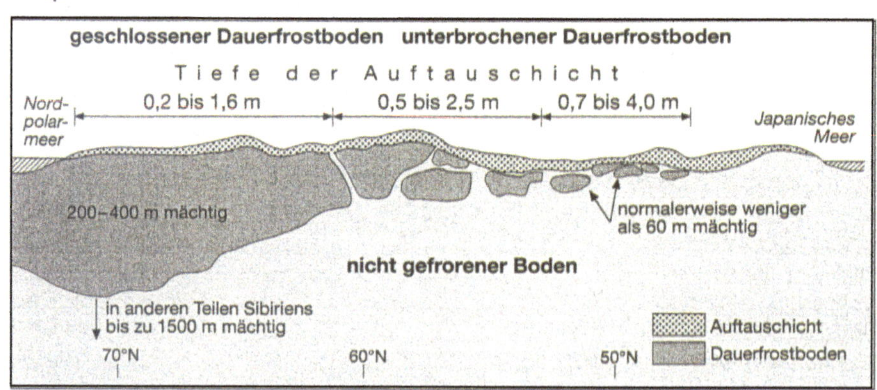

Abbildung 4: Der Dauerfrostboden verliert von Nord nach Süd an Mächtigkeit (schematische Darstellung). (Quelle: DIETERLE 2006:22)

2.2.1 Schäden durch intakte Pipelines

Bevor auf die Schäden, die durch lecke Pipelines entstehen, näher eingegangen wird, soll zunächst veranschaulicht werden, welche Probleme auch intakte Pipelines mit sich bringen. Bereits die Verlegung der Röhren stellt einen Eingriff in die Natur dar, welcher die empfindliche Bodendecke beschädigt. Auch die entstehende Wärme ist ein Problem, da sie beim Transport des Öls zum Auftauen des umliegenden Permafrostbodens führt.

Pipelines werden entweder überirdisch auf Betonpfählen oder unterirdisch in Gräben verlegt. Da der Permafrostboden durch die ausstrahlende Wärme der Röhren auftaut, was wiederum zu einem Absinken und Verbiegen der Leitung führen würde, wird das Trägersystem im Bereich des immer gefrorenen Bodens verankert. Für die Errichtung einer unterirdischen Pipeline muss zunächst ein Graben ausgehoben werden, in dem die Röhren verlegt werden. Dies stellt jedoch in der sumpfigen Taiga ein Problem dar. Der Untergrund ist hier zumeist nicht fest genug, so dass die Rohrleitungen immer wieder nach oben gedrückt werden und sich dabei verziehen. Dies führt zu Rissen und Brüchen.

Auch in den Übergangsbereichen zur Taiga wurden Pipelines unterirdisch verlegt. Da der Permafrost nach Süden an Mächtigkeit aber verliert und vermehrt inselartig auftritt (siehe Abbildung 4), kann die Bauweise auf Betonpfählen, aufgrund des labilen Untergrundes hier nicht mehr angewendet werden. Der sommerliche Auftaubereich reicht somit tiefer in den Untergrund. Innerhalb weniger Jahre taut der gefrorene Untergrund um die Leitung immer mehr auf, und die Pipeline beginnt sich zu verlagern. Bei einem leichten Gefälle entfernte sie sich von ihrer ursprünglichen Position nicht nur horizontal um einige Meter, sondern auch vertikal. Dadurch traten Lecks und Brüche auf, die aufwendige Reinigungsarbeiten und teure Reparaturmaßnahmen nach sich zogen (siehe Abbildung 5).

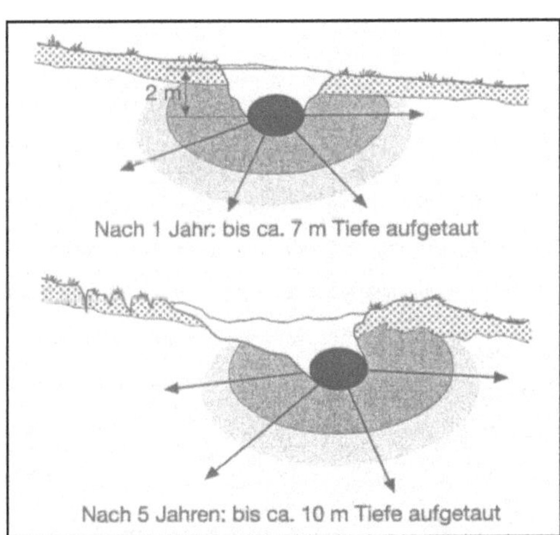

Abbildung 5: Pipelinebau im Dauerfrostboden und Wandern der Röhre durch Auftauen des Bodens. (Quelle: DIETERLE 2006:22)

2.2.2 Marode Pipelines bergen ein hohes Gefahrenpotential

Im Jahre 1999 schätzte die norwegische Umweltorganisation „Bellona“ den Anteil des pro Jahr ausgetretenen Öls aus russischen Pipelines, sowie aus Ölsammel- und Rückhaltebecken auf circa 7 bis 16 Prozent. Bei einer jährlichen Gesamtfördermenge von rund 300 Millionen Tonnen sind das 20 bis 50 Millionen Tonnen Öl, die im Boden der Taiga und Tundra verschwinden (PREUSS 1999). Anderen Berichten zufolge belaufen sich die heutigen Verlustraten beim Öltransport durch Pipelines und Tankerunfällen auf 3 bis 7 Prozent (REUTTER 2006). Scheinbar haben die Sicherheitsmaßnahmen in den letzten Jahren zugenommen, jedoch treten laut „Greenpeace“ jährlich immer noch etwa 5.000 Brüche an Pipelines auf (GAVRILOV 2002:10). In einem Tagesschau-Online Artikel beziffert Thomas Reutter die Anzahl der neuen Lecks pro Jahr sogar auf 20.000 (REUTTER 2006). Es ist jedoch unmöglich, überhaupt objektive Zahlen zu erfahren, da Umweltorganisationen möglichst drastische Szenarien darstellen wollen, um Aufmerksamkeit auf die Thematik zu ziehen. Von Ölfirmen hingegen werden Daten solcherart als übertrieben und aus der Luft gegriffen abgetan oder schlichtweg totgeschwiegen. Offizielle Zahlen über die Pipelinelecks gibt es nicht. Aber in welcher genauen Größenordnung auch immer, die Schäden, die das austretende Öl fraglos zuhauf anrichtet, sind katastrophal für Mensch und Umwelt. Die vielerorts bis zu 30 Jahre alten Leitungen sind marode und werden, wenn überhaupt, nur notdürftig geflickt.

2.2.3 Der „Komi Oil Spill“

Einen Höhepunkt der Ölverschmutzung stellt der Herbst des Jahres 1994 dar, als bei Pechora, in der Komi Region, gesammeltes Öl aus Pipelinelecks durch ein temporäres Hochwasser über den Damm eines Auffangbeckens gedrückt wurde. Es ergossen sich 100.000 Tonnen Öl in den nahe liegenden Kolva Fluss, einen Tributär des Pechora Flusses (PREUSS 1999). Der so genannte „Komi Oil Spill“ hatte verheerende Folgen (siehe Abbildung 6) und zog schnell das mediale Interesse auf sich, wodurch sofortige Rettungsmaßnahmen eingeleitet wurden, die jedoch im Nachhinein als durchaus umstritten angesehen werden. Um das ausgelaufene Öl wieder einzusammeln, wurden beträchtliche Eingriffe und Veränderungen in der Landschaft vorgenommen. Jerry Galt von der „U.S. National Oceanic and Atmospheric Administration“ äußert sich zu den Problemen, die diese Maßnahmen mit sich brachten, kritisch: “Getting oil out of a marsh is hard to do without destroying vegetation [...]. If you leave the oil there, you've got decades of gooey black tar. If you scrape it up, you've got decades of destroyed vegetation, which could be worse." (MENON 1996).

Es wurden Straßen angelegt, Dämme errichtet und verseuchte Bodenschichten abgetragen, was zu einer großflächigen Beschädigung der empfindlichen Bodenoberfläche führte. Doch die Option, das Öl nicht einzusammeln, hätte Jahrzehnte höchster Ölbelastung für ein riesiges Gebiet zur Folge gehabt. Da sich der Vorfall im Herbst ereignete, war durch den niedrigen Wasserstand und die Vereisung der Flüsse eine rasche Verbreitung des Öls nicht möglich. Im folgenden Frühling und Sommer jedoch wäre das Öl großflächig über das gesamte Gewässernetz bis in die Barentssee verteilt worden, mit unabsehbaren ökologischen Folgen.

Abbildung 6: Ausgelaufenes Öl aus gebrochenen Pipelines verschmutzt Wälder, Böden und Gewässer. Solche Unfälle sind nicht Ausnahme, sondern Alltag. (Quelle: Gavrilov 2002:10)

2.3 Indigene Völker leiden unter den Erdölreserven

Dieses Unglück ist nur eines von vielen weiteren, die sich nach dem Jahr 1994 noch ereignen sollten. „Mittlerweile ist es so, als passiere jeden Tag ein Tankerunfall“, beschreibt „Greenpeace“ Klimaexperte KARSTEN SMID die Situation in Westsibirien (vgl. REUTTER 2006). Am meisten betroffen von den Auswirkungen der Ölindustrie sind jedoch die indigenen Völker Westsibiriens. Aufgrund der Landnahme und der miteinhergehenden Verschmutzung, ist der Anteil dieser traditionellen Gruppen heute auf nur noch ein Prozent der Bevölkerung Westsibiriens geschrumpft (BANGERT et al. 2006:83). Ihre Lebensweise gründet sich auf Fischfang, Rentierzucht, Sammeln und Jagen. Durch die hohe Ölbelastung in den Flüssen ist der Fisch mit Schadstoffen angereichert. Obwohl sie sich den Gefahren, die der Konsum dieser Fische mit sich bringt, bewusst sind, haben sie jedoch meistens nicht die finanziellen Möglichkeiten, um auf gekaufte Lebensmittel zurückzugreifen. In manchen Gebieten sind die Folgen daraus eine Lebenserwartung von nur noch 43 Jahren, sowie Krebserkrankungen und bei Kindern Wachstumsstörungen. Das Abfackeln von Begleitgasen bei der Ölförderung führt vielerorts auch zusätzlich noch zu Erkrankungen der Atemwege (vgl. BANGERT et al. 2006: 82-83).

Mittlerweile sind 17 Millionen Hektar Land, auf dem gejagt wurde, und etwa die Hälfte von 22 Millionen Hektar Weideland bereits zerstört (BANGERT et al. 2006:83). In den nördlichen Gebieten Westsibiriens stellt für die Nenzen, die Chanten und die Mansen die Rentierzucht eine Lebensgrundlage dar (siehe Abbildung 7). Die Weideflächen fallen jedoch mehr und mehr der Ölindustrie und der Verschmutzung zum Opfer. In einem Artikel über die entstehenden Probleme, die die Ölerschließung für die indigenen Bevölkerungsgruppen darstellt, schlägt HABECK vor, geschützte Biosphären-reservate einzurichten, in denen es strikte Umweltauflagen gibt und in denen diese Gruppen ihrer traditionellen Lebensweise nachgehen können. Dies würde eine nachhaltige Entwicklung fördern und auf regionaler Ebene zu mehr Gleichgewicht zwischen Ölförderung und Umweltschutz führen. Bisher konnte dieses aber leider noch nicht in konkrete Handlungen umgesetzt werden (vgl.: HABECK 2002: 125-147).

Abbildung 7: Rentierhaltung in Sibirien. (Quelle: BANGERT 2006)

2.4 Das Samotlor-Ölfeld

Marode Pipelines sind eine extreme Belastung für die Umwelt. Ebenfalls schwerwiegende Probleme entstehen aber bereits, bevor das Öl auf die Reise zu den Raffinerien geht, nämlich in den Ölfeldern selbst. Am Beispiel des Samotlor Ölfeldes soll gezeigt werden, was für Schwierigkeiten die Erschließung und der Betrieb von Ölfeldern in ökologischer Hinsicht mit sich bringen. Das Samotlor Ölfeld liegt im Westsibirischen Tiefland, etwas nördlich der Stadt Nishnevartovsk am Ob (siehe Abbildung 8).

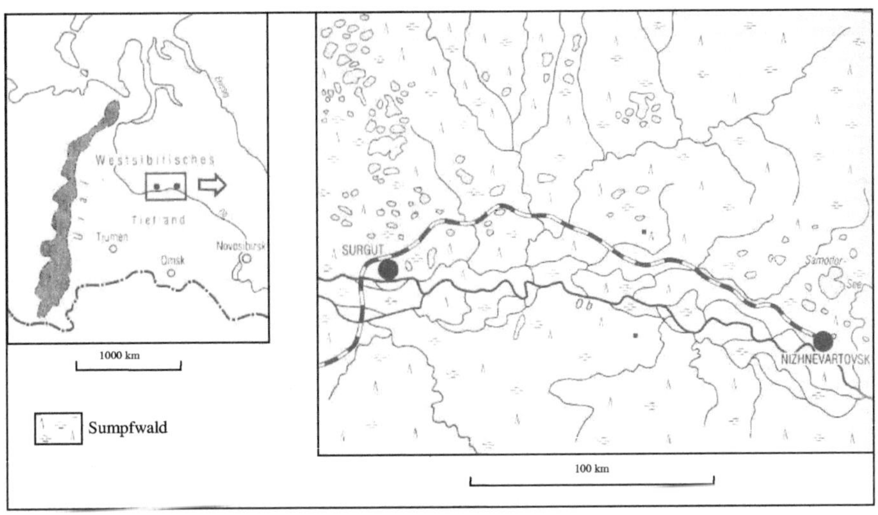

Abbildung 8: Das westsibirische Erdölgebiet um Surgut und Nishnevartovsk mit dem Samotlor See. (Quelle: leicht verändert nach: WEIN 1996:380)

Unter dem Samotlor-See befindet sich eines der größten Erdölvorkommen der Welt, aus dem seit mittlerweile über 40 Jahren Öl gefördert wird. Seit der Entdeckung im Jahre 1965 wurden hier bis ins Jahr 2006 2,3 Milliarden Tonnen Öl gefördert (SCHÄFER et al. 2006:36). Vor sechs Jahren waren im und um das Samotlor Ölfeld bereits 6.500 Hektar Land schwer ölverschmutzt (FEDDERN 2001), und die verseuchte Fläche ist seitdem sicherlich nicht kleiner geworden. Die Weltbank stufte das Samotlor Ölfeld schon im Jahr 2000 als „ökologische Katastrophenzone" ein. Eine der Hauptursachen für diese erhebliche Verschmutzung sind die leckenden Pipelines, die einzelne Teile des Ölfeldes miteinander vernetzen und den Anschluss an ein größeres Netz bilden. Die Förderanlagen tragen mit Ölaustritten und fahrlässig gelagerten Bohrabfällen ebenfalls dazu bei, dass Öl in die Natur fließt. Leckende Lagertanks und Mülldeponien bergen zusätzliche Gefahren.

Die Folgen der Ölverschmutzung äußern sich zum Beispiel im Fischfang. So wurden im Jahr 1985 rund um Surgut (siehe Abbildung 8) aus dem Fluss Ob noch 2459 Tonnen Fisch gefangen, im Jahre 1993 jedoch nur noch 579 Tonnen. Die starke Belastung der Gewässer dürfte hier der Hauptgrund für den Fischrückgang sein (WEIN 1996:383). Der Fluss Vakh fließt vom Samotlor Ölfeld in den Ob und transportiert ausgelaufenes Öl aus dem Fördergebiet in seinen Vorfluter. Rund 97 Prozent des Trinkwassers sind über die russischen Grenzwerte hinaus ölverseucht. Ungefähr die Hälfte der Flüsse dieser Region, in denen Fischfang betrieben wird, sind ölverschmutzt (FEDDERN 2001). Weitere Folgen von ausgetretenem Öl sind mit bloßem Auge zu erkennen. Vielerorts gibt es bis zu hundert Meter breite Ölablagerungen und Öllachen (siehe Abbildung 9). Die Sümpfe um Samotlor sind mit einer flimmernden Ölschicht überzogen. Nicht ohne Grund zitiert SCHÄFER in seinem Bericht für „urgewald" den Umweltaktivisten TAYLOR, der die Umgebung von Samotlor treffend als „Ölsümpfe" bezeichnet (SCHÄFER et al. 2006:36).

Abbildung 9: Ausgelaufenes Erdöl im Samotlor-Gebiet. (Quelle:Wein 1996:383)

2.5 Abfackeln von Begleitgasen

Ein weiteres ökologisches Problem stellt, wie bereits erwähnt, das Abfackeln von Begleitgasen bei der Erdölförderung, sowie das Anzünden von ausgetretenem Öl dar. Bei Nacht aus dem Weltall gesehen, gehören westsibirischen Erdölfördergebiete zu den hellsten Gebieten der Erde. Die entstehende Wärme und der hohe CO_2-Ausstoß tragen in den nördlichen Gebieten zum Auftauen des Permafrostbodens bei. Der Gehalt von Schwefeldioxid, Kohlenmonoxid und Stickoxid in der Luft ist laut dem Ökologie-Institut von Surgut, auf dessen Daten WEIN in einem Bericht zurückgreift, nicht höher als die für Deutschland festgelegten Werte. Allerdings entsteht beim Abfackeln von Rohöl (siehe Abbildung 10) der krebserregende Verbrennungsrückstand 3.4-Benzpyren. Der Gehalt dieses Kohlenwasserstoffes in der Luft ist in Ölfördergebieten besorgniserregend hoch. Die Folgen sind demnach Krebserkrankungen bei den Menschen, sowie eine Schadstoffanreicherung in der Nahrungskette (vgl. WEIN 1996:383). Pro Kubikmeter gefördertem Erdöl fallen bis zu 272 m^3 Erdgas an (DIETERLE 2006:23). Da sich an vielen Standorten eine wirtschaftliche Vermarktung nicht lohnt, wird das anfallende Gas mit eben genannten Folgen vor Ort verbrannt.

Abbildung 10: Ausgelaufenes Rohöl im Samotlor-Gebiet wird angezündet und verbrannt.
(Quelle: GREENPEACE 2007)

2.6 Dämme und Plattformen aus Sand

Die Errichtung einer Infrastruktur, die für die Ölförderung nötig ist, gestaltet sich in den Moor- und Sumpfgebieten der Taiga als sehr schwierig und kostenintensiv. Die damit verbundenen Eingriffe in die Landschaft wirken sich auf Flusssysteme und deren natürliche Sedimentation, Moore und Sümpfe aus. So wurden in der Ob-Region um Surgut und Nishnevartovsk zahllose Dämme für Straßen aus Sand aufgeschüttet, sowie Plattformen für Bohrtürme und Förderanlagen. Für die Arbeiterstadt Nishnevartovsk wurde sogar für die gesamte Stadtfläche ein Sandfundament aufgespült. Um auf trockenen und festen Standorten Anlagen zur Förderung zu errichten, wurden im Samotlor-See künstliche Bohrinseln aufgeschüttet, die durch Stichstraßen auf Sanddämmen an ein Straßennetz angeschlossen sind (siehe Abbildung 11 und 12).

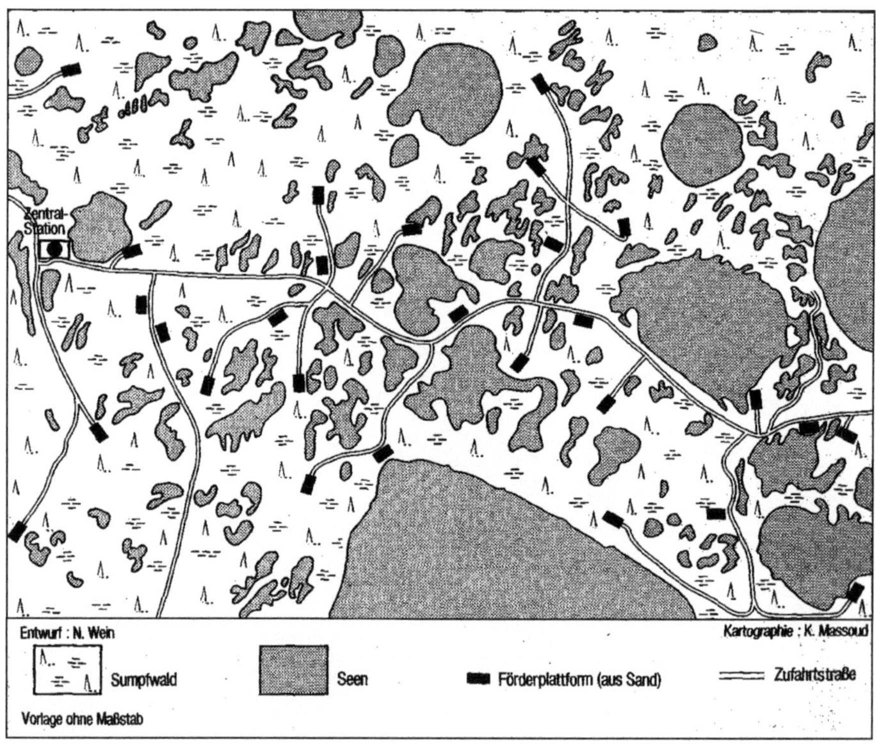

Abbildung 11: Erdölförderung im Sumpfwaldgebiet nördlich von Surgut (nach Satellitenfoto). (Quelle: WEIN 1996:381)

Abbildung 12: Künstliche Bohrinsel im Samotlor-See. (Quelle: WEIN 1996:382)

Durch die ständige Erosion und das Absacken der Sandaufschüttungen verteilt sich der Sand wieder in die Umgebung, wobei mit hohem Kostenaufwand Reparaturen durchgeführt und neuer Sand zur Instandhaltung herangeschafft werden müssen. Der Abbau des Sandes hinterlässt jedoch seine Spuren. Schwimmbagger pumpen den Sand aus den Auen und über Rohre gelangt dieser dann zum Trocknen in Zwischenlager, von wo aus er dann mit Lastern abtransportiert wird. Unterhalb der Entnahme verbreitern sich die Flussläufe und das Fließverhalten verändert sich zu einer stärkeren Seiten- und Sohlenerosion. In den Niedermooren der Flussauen, nahe bei Straßenböschungen oder anderweitigen Aufschüttungen wird der durch Starkregen oder Schneeschmelze abgespülte Sand abgelagert und bildet dort bis zu fünf Meter hohe Flussterrassen (siehe Abbildung 13, 14 und 15).

Abbildung 13: Wassererosion an einer Straßenböschung in Nordsibirien. (Quelle: BORK et al. 2006:42)

Abbildung 14: Junges Sandsediment in einer Aue in Nordsibirien. (Quelle: BORK et al. 2006:42)

Abbildung 15: Junge 3 bis 5 m hohe Terrasse eines Flusses in Nordsibirien. (Quelle: BORK et al. 2006:42)

Ein anderes Verfahren zur Sandgewinnung wendet man im Norden Westsibiriens an, da die sommerliche Auftautiefe des Bodens geringer ist. Hier wird der Sand flächenhaft ab-, und dann zum Abtransport zusammengeschoben. Die empfindliche Bodendecke mit ihrer dichten, vor Erosion schützenden Vegetation aus Moosen, Flechten und kleineren Sträuchern, wird abgetragen. Zurück bleibt eine sandige, ungeschützte Oberfläche (Abbildung 16). Durch die starken Winde werden die losen Sandkörner über ein großes Gebiet verteilt. Moore werden vom Sand flächenhaft bedeckt und es entstehen über die Tundra wandernde Dünen (Abbildung 17). Diese Auswirkungen der Sandentnahme greifen empfindlich in das bestehende Ökosystem ein und schädigen es für lange Zeit (vgl. BORK et al. 2006:40-42).

Abbildung 16: Sandentnahme im Norden Sibiriens.
(Quelle: BORK et al. 2006:41)

Abbildung 17: In den vergangenen Jahrzehnten entstandene Düne in Nordsibirien. (Quelle: BORK et al. 2006:41)

2.7 Fazit und Ausblick

Die Folgen, die die Erdölförderung in Westsibirien anrichtet, haben katastrophale Ausmaße angenommen. Das sensible Ökosystem der Tundra und Taiga leidet unter den zahllosen Pipelinelecks und den immer wieder auftretenden größeren Verschmutzungen. Die Sandgewinnung zerstört zusätzlich die oberen Bodenschichten und verändert ganze Flusssysteme. Ein Wandel in der massiv umweltschädigenden Erdölförderung, wie sie heute stattfindet, ist nicht in Sicht. Dafür haben die Ölkonzerne eine zu große Lobby in Politikkreisen. So wurde beispielsweise das Gesetz zur Parteienbildung geändert, in dem es nun heißt, dass eine Partei eine Mitgliederzahl von mindestens 50.000 aufweisen müsse. Da das „Bündnis der Grünen Russlands“ aber nur 16.500 Mitglieder vorzuweisen hatte, verlor die Umweltpartei ihren Parteienstatus (SCHÄFER et al. 2006:32).

Trotz des harten Gegenwindes hören Umweltorganisationen wie „Greenpeace“ nicht auf, auf die Umweltsünden aufmerksam zu machen. Zahlen und Daten zu jenen Umweltverschmutzungen stammen aus den Recherchen dieser Organisationen, denn offizielle Zahlen existieren keine. Durch den unermüdlichen Einsatz wurden bereits einige Erfolge erzielt, wenn auch bis jetzt nur mit minimalem Ausmaß. Die Lobby der Umweltschützer wächst stetig und irgendwann wird sie so groß sein, dass die Konzerne zu mehr Rücksicht auf die Umwelt gezwungen werden. Die bereits entstandenen Schäden sind jedoch, obwohl man schon lange von ihnen weiß, nur schwer oder gar nicht mehr zu beheben.

„Schon 1991 stellten Wissenschaftler fest, dass die Natur im gesamten Gebiet von Westsibirien 500 Jahre bräuchte, um wieder ein einigermaßen intaktes ökologisches Gleichgewicht herzustellen.“ (aus: BANGERT et al. 2006:82).

3. Ölsandförderung in Alberta, Kanada

3.1 Einleitung

Kanadas CO_2-Austoss hat sich von 1990 bis 2003 um mehr als ein Viertel erhöht (BABIES 2003:1). Wie Abbildung 18 zeigt, nimmt das nordamerikanische Land in einem Ranking der WRI (World Resources Institute) den zehnten Platz bei den am stärksten wachsenden Klimasündern ein. In Tabelle 1 (Seite 8) fällt bei Betrachtung der Reserven Nord- und Südamerikas ein deutlicher Zuwachs zwischen den Jahren 2000 und 2005 auf. Das Wachstum der Treibhausgasemissionen Kanadas und der Zuwachs der Ölreserven des amerikanischen Kontinents sind eng mit der Erschließung und der Gewinnung von nicht-konventionellem Öl aus Ölsanden im kanadischen Bundesstaat Alberta verknüpft. Im Jahr 2003 wurden die weltweiten Ölsandvorkommen auf 400 Milliarden Tonnen geschätzt, von denen 35 Milliarden Tonnen zu den Reserven, also zu den wirtschaftlich förderbaren Vorkommen, gezählt werden (BABIES 2003:1). Im Vergleich dazu wurden die Reserven an konventionellem Öl im Jahr 2001 weltweit auf 152 Milliarden Tonnen taxiert. Sieht man von einer Trennung des konventionellen und nicht-konventionellen Öls ab, so nimmt Kanada mit 28,5 Milliarden Tonnen Platz zwei hinter Saudi-Arabien mit 37,5 Milliarden Tonnen ein (BABIES 2003:1). Da die Förderung von konventionellem Öl in absehbarer Zeit ihren Höhepunkt erreicht, wird Kanada seine wichtige Rolle in der Energieversorgung weiter ausbauen können. Die Ölgewinnung aus ölhaltigen Sanden in Alberta hat den rückläufigen Abbau der konventionellen Ölreserven bereits überholt und wird in Zukunft den wichtigsten Bestandteil der kanadischen Ölindustrie darstellen. Abbildung 19 zeigt den Zuwachs von Öl

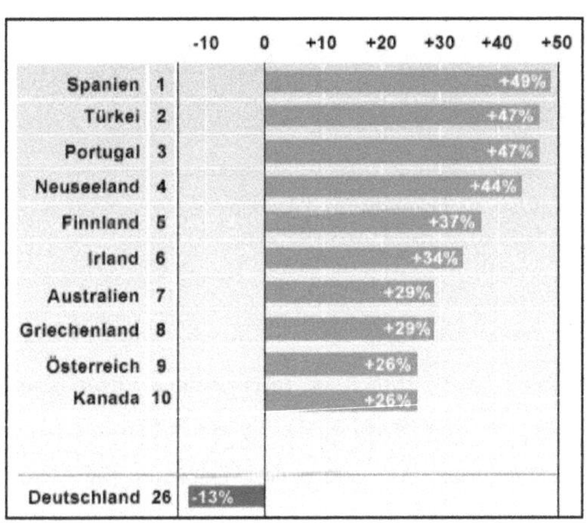

Abbildung 18: Die am stärksten wachsenden Klimasünder. Anstieg des CO_2-Ausstoßes in Prozent von 1990 bis 2003 (Nur Kyoto-Länder berücksichtigt). (Quelle: BECKER 2007; nach: WRI 2003)

aus Bitumen, welches sowohl in-situ als auch durch Tagebau gefördert wird. Im Verhältnis dazu ist der sinkende Anteil aus der Schwer- und Leichtölproduktion, sowie die prognostizierte Förderentwicklung der flüssigen Kohlenwasserstoffe in Alberta.

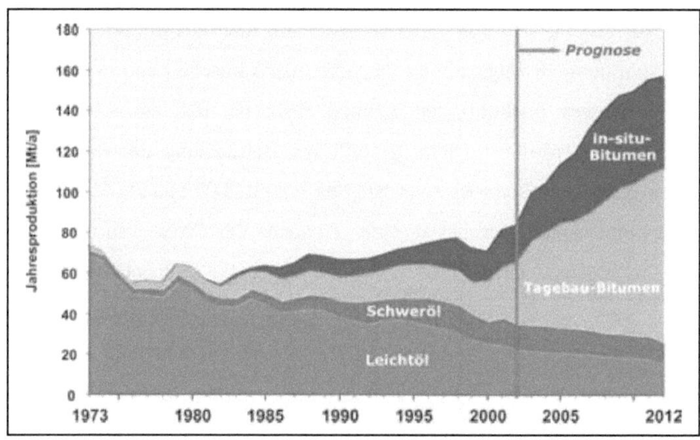

Abbildung 19: Förderentwicklung der flüssigen Kohlenwasserstoffe Albertas. (Quelle: BABIES 2003:3; nach: AEUB 2003)

Schon die Ureinwohner Kanadas verwendeten das zum Teil bis an die Erdoberfläche reichende Bitumen, auch Erdpech genannt, zum Abdichten ihrer Kanus. Eine erste kommerzielle Förderung im Tagebau begann 1967 bei Fort McMurray am Athabasca River im Nordosten Albertas. Seitdem wurden immer mehr Gebiete erschlossen und ein Abbau vorgenommen. Seit Mitte der Achtziger Jahre ist es durch das in-situ Verfahren möglich geworden, auch Ölsand aus Tiefen zu fördern, die im Tagebau nicht erreichbar wären. Das in-situ Verfahren trägt jedoch erheblich zu den gestiegenen Treibhausgasemissionen Kanadas bei, denn es werden große Mengen an Erdgas für die Erhitzung von Wasser benötigt, um das Bitumen flüssig zu machen und es von anderen Substanzen zu trennen. Der Tagebau verwandelt die ursprüngliche Oberfläche in eine „Mondlandschaft" und zerstört Vegetation und Habitate von Tieren. Mit der Umgestaltung der Landschaft sind auch Verschmutzung der Luft, der Böden und der Gewässer verbunden. Ureinwohner, deren Vorfahren sich unglücklicherweise über bitumenreichen Gesteinen niedergelassen haben, kämpfen heute um die Erhaltung ihrer Identität, die auf einer traditionellen Lebensweise basiert, welche wiederum eine intakte Umwelt voraussetzt.

3.2 Geographischer Überblick

Bevor auf die Ölsandgewinnung und deren Folgen näher eingegangen wird, soll ein kurzer Überblick über die Geographie West-Kanadas helfen, Albertas Ölsandvorkommen besser einzuordnen.

Nach Westen hin taucht der Kanadische Schild in Saskatchewan und Nordost-Alberta ab und stößt in ca. 6.000 Metern Tiefe an die Rocky Mountains. Durch das Abtauchen bildete sich die Innere Ebene mit einer mächtigen Sedimentfüllung, die vom Kambrium bis zum Tertiär reicht. Mit der mächtiger werdenden Sedimentauflage steigt die Anzahl der Erdöl- und Erdgasvorkommen in westlicher Richtung. Vor allem im oberen und mittleren Devon nehmen Anzahl und Größe der Pools zu. Aber auch der geologisch-tektonische Bau wird komplizierter und die Lagerstätten befinden sich zunehmend in größerer Tiefe, was den Abbau riskanter und teurer macht. Leichter zu erschließen sind die oberflächennahen Ölsande der Inneren Ebene in Alberta. LENZ teilt in seinem Buch „Kanada" die Vorkommen im nördlichen Alberta in vier Hauptfelder auf. So gibt es am „Athabasca River, südlich des gleichnamigen Sees, um Wabasca, am Peace River und westlich des Cold Lake" (LENZ 1988:24) bitumenführende Sandschichten (s. Abb. 20).

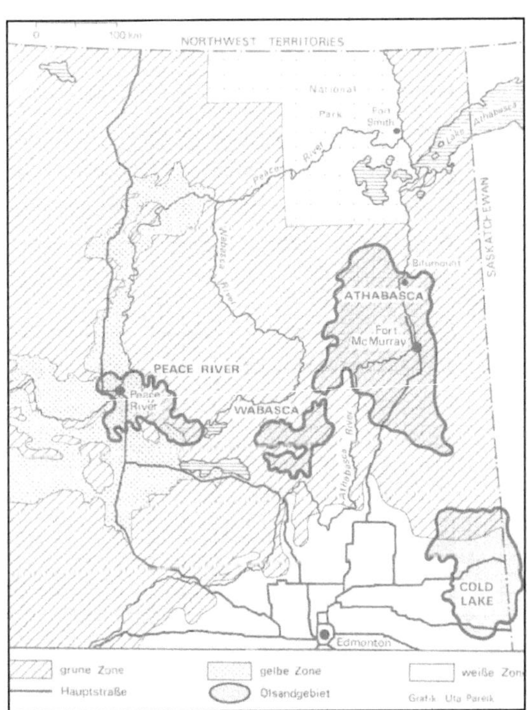

Abbildung 20: Ölsandlagerstätten in Alberta. Quelle: NIEMZ 1991:114; verändert nach RORY 1982:14 und IRONSIDE & WONDERS 1983:394

Heute spricht man meistens nur noch von drei Hauptgebieten, da die Ölsande um Wabasca nun zu den Athabasca River Ölsanden gezählt werden (s. Abb. 21 und 22).

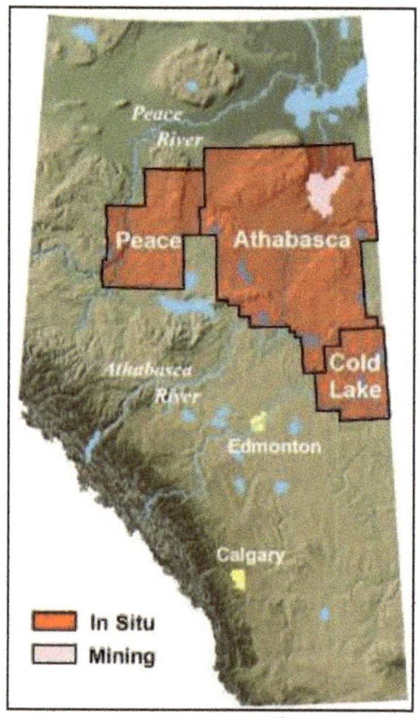

Abbildung 21: Albertas Ölsandregionen Peace River, Athabasca River und Cold Lake. Die Karte zeigt auch, wo Tagebau (mining) und in-situ Verfahren Anwendung finden. (Quelle: SCHNEIDER & DYER 2006:1)

Die ölführenden Schichten aus der Kreidezeit werden aus geologischer Sicht fälschlicherweise als Ölsand oder Ölschiefer bezeichnet. Die geologisch richtige Bezeichnung wäre Bitumensandstein oder Bitumenschieferton. Dieser entstand aus organischen Resten, die sich in sauerstoffarmen Gewässern der Übergangsbereiche des stabilen kanadischen Schilds zum marinen Milieu hin absetzten. Stratigraphisch betrachtet ist Bitumen in den kretazischen Clearwater und Grand-Rapids Formationen zu finden. Diese liegen über dem präkambrischen kristallinen Grundgebirge im Nordosten und den devonischen Kalken und Dolomiten im Süden und Westen Albertas. Über den bitumenhaltigen Sedimenten der Kreidezeit befindet sich das Deckgebirge aus tonigen Ablagerungen aus dem Pleistozän und Sand-, Kies-, und Torfschichten aus dem Holozän (vgl.: NIEMZ 1991:117-121; BABIES 2003:2) (s. Abb. 22 und 23).

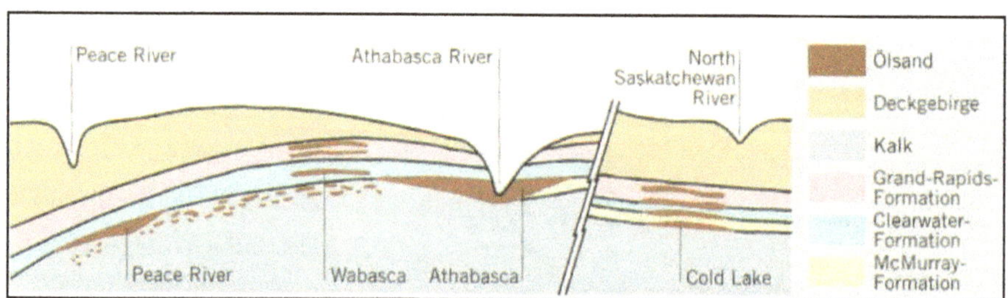

Abbildung 22: Schematisiertes geologisches Überblicksprofil durch die Ölsandgebiete Albertas. (Quelle LENZ 2001:16)

Die Ölsandvorkommen Albertas liegen in einem Gebiet, das schwierige Anforderungen und hohe Kosten an die Erschließung stellt. Nördlich von Edmonton und des Peace Rivers gibt es nur wenige Straßen. Die Moor- und Sumpfgebiete, sowie der hier beginnende Permafrost (s. Abb. 24) erschweren den Bau von Transportinfrastruktur. Arbeiten können nur während der Wintermonate auf gefrorenem Untergrund durchgeführt werden (s. Abb. 25).

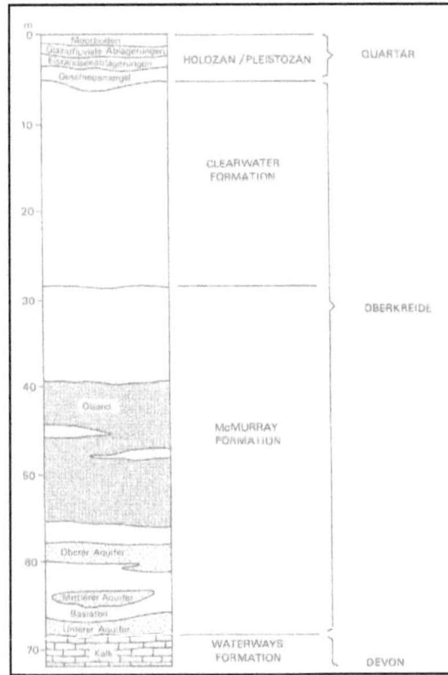

Abbildung 23: Geologisches Profil des Ölsandgebiets von Fort McMurray. (Quelle: NIEMZ 1991: ; verändert aus: THOMPSON et al. 1984:69)

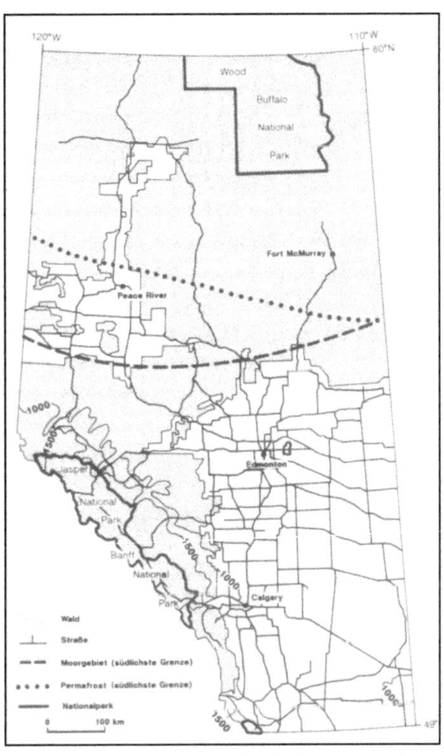

Abbildung 24: Explorationsbedingungen in Alberta an der Oberfläche. (Quelle: BRÜCHER 1995: 189; verändert nach: ALBERTA PROVINCIAL MAPPING SECTION 1989)

Abbildung 25: Explorationsprobleme in Nord-Alberta in der frostfreien Zeit. (Quelle: BRÜCHER 1995:185)

Abbildung 26: Tagebaugrube im Athabasca Gebiet. (Quelle: BOYD 2006)

3.3 Abbaumethoden (Tagebau und in-situ Verfahren)

Der begehrte Ölsand liegt in etwa zu 90 Prozent in Tiefen von 400 Metern und mehr. Nur im Athabasca River Gebiet um Fort McMurray ist er lediglich von maximal 75 Metern Gestein bedeckt (RIECK & UHLENBROCK 2006) (s. Abb. 22 und 23). Um einen Abbau durchzuführen gibt es für die unterschiedlichen Tiefen zwei verschiedene Methoden. In geringen Tiefen wird der Ölsand schon seit 1967 im Tagebau zugänglich gemacht. In großen Tiefen findet das so genannte in-situ Verfahren seit 1985 ihre Anwendung (RIECK & UHLENBROCK 2006). Die

Ölsandgewinnung im Tagebau hat bedeutend schlimmere Folgen für die Natur und für die gesamte Umgebung um die Gruben, als das in-situ Verfahren.

„Für die Ausbeutung der Teersandvorkommen wird der Erde buchstäblich die Haut abgezogen, die borealen Urwälder des Nordens, die Moore und Gewässerläufe, die gesamte ursprüngliche Landschaft werden zerstört" (BANGERT et al. 2006:69).

Im Anschluss an die mehrere Jahre dauernde Entwässerung des für den Tagebau vorgesehenen Gebietes, erfolgt die Abtragung der Deckschicht inklusive der sich darauf befindenden Flora (vgl. NIEMZ 1991:120). Durch die vollständige Zerstörung der Vegetation wird so der lokalen Fauna der Lebensraum entzogen. Wie auch im Kohletagebau entstehen riesige Löcher in der Erde, die an eine Mondlandschaft erinnern (s. Abb. 26). Nachdem alles Material, das sich über der ölsandführenden Schicht befindet, ausgeräumt und für die Rekultivierung gesondert gelagert wurde, beginnt der Abbau mit gigantischen Löffelbaggern und Transportfahrzeugen. Um eine Tonne Bitumen zu gewinnen, müssen zwölf Tonnen Ölsand bewegt werden (RIECK & UHLENBROCK 2006). Diesem wird dann heißes Wasser zugesetzt, um ihn per Hydrotransport über Pipelines zur Extraktionsanlage zu transportieren. Hier erfolgt die Trennung des Bitumens von den restlichen Substanzen wie Ton, Sand, Salz und Wasser durch erneute Zuführung von heißem Wasser und Wasserdampf sowie durch den Einsatz von Chemikalien, vorwiegend NaOH. Das Bitumen sammelt sich an der Oberfläche und kann schließlich abgeschöpft werden. Nach der Reinigung und der Schwefelextraktion entsteht synthetisches Rohöl, das zur Weiterverarbeitung in Pipelines zu den Raffinerien fließt. Als Nebenprodukte bleibt Gas zurück, das vor Ort zur Stillung des Energiebedarfs, den die Erhitzung von Wasser und der Betrieb der Anlagen mit sich bringen, verwendet wird. Der Schwefel wird zu Düngemittel und Gips weiterverarbeitet (vgl.: BABIES 2003:2-3; NIEMZ 1991:118-121).

Die Bestandteile des Ölsandes, die in der Extraktionsanlage zurückbleiben, werden in riesige Absetzbecken gepumpt. Ein Teil des Sandes wird gereinigt und in alte Tagebaulöcher verfüllt. Wasser wird in kleineren Mengen recycelt und wieder dem Gewässernetz zugeführt. Problematisch sind jedoch die Bitumenreste, die sich in den Absetzbecken sammeln. Trotz Auflagen zur Beseitigung der Absetzbecken seitens des Gesetzgebers in Kanada ist ungeklärt, was mit den ölverschmutzten Absetzbecken geschehen soll. Auch die Gesetze, die eine Rekultivierung und eine Wiederherstellung der Ökosysteme in den Bereichen der

Tagebaugruben vorsehen, konnten bis heute nicht den in ihnen geforderten Maximen Geltung verschaffen.

Das in-situ Verfahren hat weitaus geringere Auswirkungen auf die Landschaft als der Tagebau. Im Vergleich zur konventionellen Ölförderung ist diese jedoch als wesentlich schädigender einzustufen. Es müssen unzählige Bohrungen vorgenommen werden, deren Anlagen die Umgebung übersäen und folglich einen Eingriff in die Umwelt darstellen (s. Abb. 27).

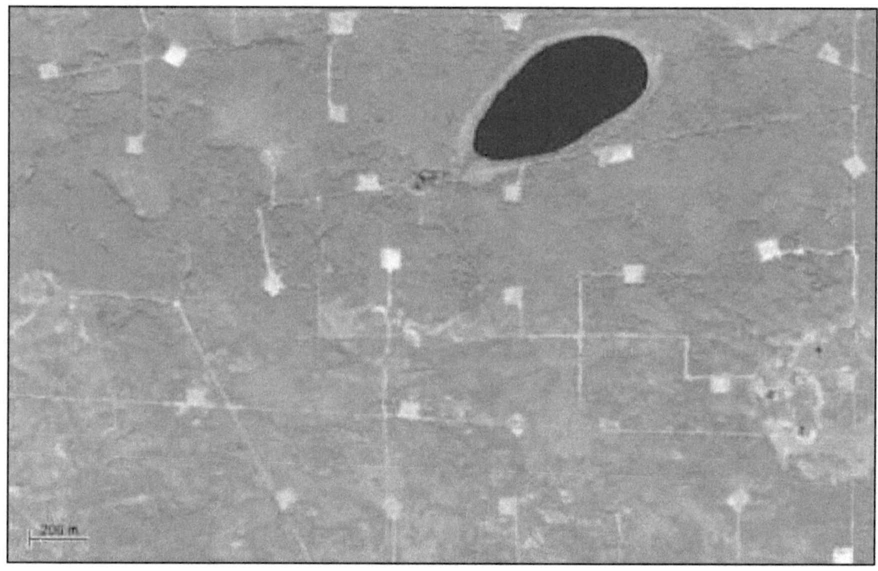

Abbildung 27: Satellitenaufnahme von Bohrlöchern und Zugangsstraßen am Long Lake.
(Quelle: SCHNEIDER & DYER 2006:5; aus: GOOGLE EARTH)

Da der Ölsand in Tiefen bis zu 400 Metern nicht durch Tagebau erreicht werden kann, wird das Bitumen in-situ, also in der Lagerstätte, unterirdisch von Sand und anderen Materialen getrennt und abgepumpt. Wie in Abbildung 28 veranschaulicht, wird heißes Wasser und Wasserdampf in die bitumenhaltige Schicht eingepresst. Dadurch löst sich das Bitumen vom Sand und wird fließfähig. Über mehrere Bohrlöcher wird schließlich das Bitumen abgepumpt und über Pipelines zur Reinigung und Entschwefelung transportiert. Dieses Verfahren findet in den Gebieten Peace-River, Cold Lake und im Süden des Athabasca River Gebietes statt.

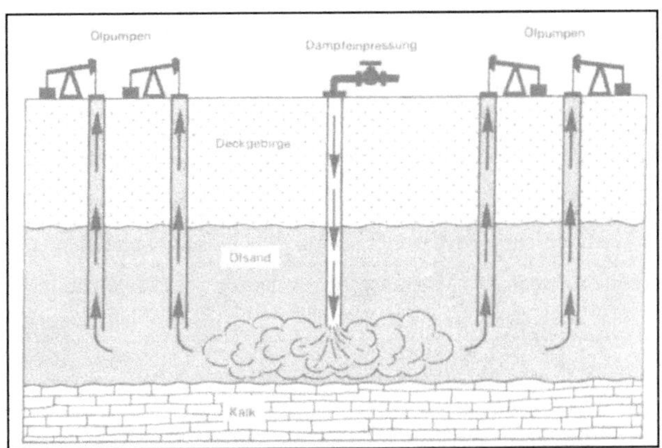

Abbildung 28: Schematische Darstellung der Bitumengewinnung in-situ aus tiefliegender Lagerstätte.
(Quelle: NIEMZ 1991:120; nach: MCROY 1982:51)

Für eine Förderung dieser Art wird sehr viel Energie für die Erzeugung der großen Mengen an heißem Wasser und Wasserdampf benötigt. Für eine Tonne Bitumen, die in-situ gefördert wird, sind bis zu 300 Kubikmeter Erdgas nötig (BABIES 2003:2). Die unterirdisch entstehenden Schäden und deren Folgen für die Umwelt sind bis jetzt noch nicht absehbar und könnten in Zukunft zu Problemfällen werden.

Fraglos hinterlässt der Tagebau die größeren Schäden an der Landschaft, als das in-situ Verfahren, wobei jedoch letzteres wesentlich mehr Energie verbraucht und so große Mengen an Treibhausgasen in die Atmosphäre gelangen. Der Abbau von Ölsand emittiert drei- bis fünfmal soviel Treibhausgase als die konventionelle Ölförderung und ist damit der größte Treibhausgas Emittent Kanadas (BABIES 2003:5).

Beide Verfahren haben den hohen Wasserverbrauch gemein. In seinem Bericht „Ölsande in Kanada“ schätzt BABIES den Anteil der durch die Ölsandindustrie verbrauchten Wassermenge, gemessen an der Gesamttrinkwassermenge von Alberta, auf 25 Prozent (BABIES 2003:4). Die Umweltauflagen und Gesetze zur Rekultivierung werden aus Sicht der Natur nur in geringem Maße befolgt. Die Lobby der Ölindustrie hat einen großen Einfluss und so werden Wiederherstellungsmaßnahmen zum Teil schon seit 40 Jahren immer wieder aufgeschoben. Bis heute entspricht noch kein rekultiviertes Gebiet den eigentlichen Vorgaben und der Staat Kanada hat auch noch keines als solches anerkannt (vgl. RIECK & UHLENBROCK 2006).

3.4 Erschließung einer Lagerstätte im Athabaska-Gebiet

Das Athabasca Ölsandgebiet um Fort McMurray ist aufgrund der geologischen Struktur (siehe Abbildung 22) die einzige Region Albertas, in der die Ölsandförderung im Tagebau möglich ist. Die Ausmaße des Tagebaus, die schon in der Erschließungsphase einen gewaltigen Eingriff in die Natur darstellen, sollen anhand des Mildred Lake Projekts der Firma Syncrude im Folgenden verdeutlicht werden (s. Abb. 29). Umfangreiche und kostspielige Erschließungsarbeiten sind im Vorfeld nötig, bevor der eigentliche Abbau beginnen kann.

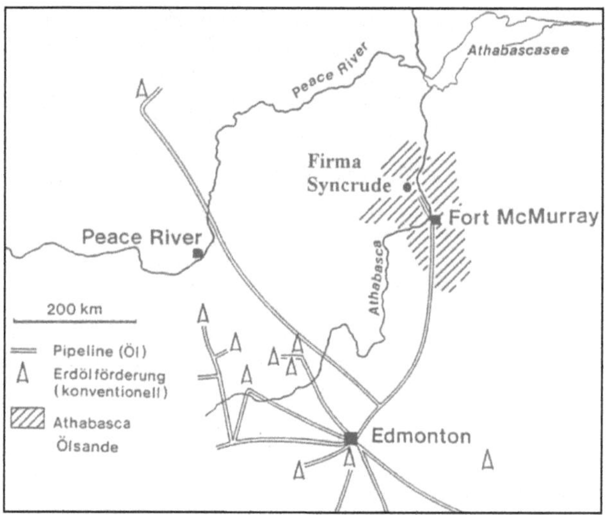

Abbildung 29: Lage der Firma Syncrude im Athabasca Gebiet nördlich von Edmonton, sowie Verteilung von konventioneller Ölförderung und Athabasca Ölsanden.
(Quelle: OPPERMANN 1998:22; nach: SCHRÖDER 1989:44)

Der Mildred Lake liegt im Nordosten des Athabasca Gebiets nahe dem Athabasca River. Im Jahr 1967 begann hier die Erschließung der oberflächennahen Ölsande. Erst elf Jahre später wurde mit der Förderung begonnen, da die Vorarbeiten und die zu erfüllenden Umweltauflagen viel Zeit in Anspruch nahmen. Letztere setzen, noch bevor der erste Eingriff erfolgt, eine vollständige Bestandsaufnahme des Gebietes in seiner ursprünglichen Form voraus. Das gesamte Ökosystem mit Flora und Fauna wird dokumentiert, Oberflächenformen und Abflussverhältnisse erfasst sowie eventuell bereits vorhandene Umweltbelastungen in Luft, Wasser oder Boden gemessen. Ebenfalls werden die Ausbreitung der Urbevölkerung und anderweitige Landnutzungen, wie Land-, Forstwirtschaft und Fischerei, untersucht. Dies alles dient als Vorlage für die Rekultivierung, nachdem die Vorkommen erschöpft sind und der Abbau eingestellt wird (vgl. NIEMZ 1991:121-127). Die Firmen unterliegen einer gesetzlichen Verpflichtung, das Ökosystem der Region wieder so herzustellen, dass Leistungsfähigkeit und Zustand den früheren Gegebenheiten entsprechen (vgl. RIECK & UHLENBROCK 2006).

Im Anschluss an die Bestandsaufnahme begannen die Erschließungsarbeiten zunächst mit der Entwässerung. Damit sich später kein Wasser in der Tagebaugrube sammeln konnte, wurden Moore und Sümpfe trockengelegt, Oberflächenwässer umgeleitet und das Grundwasser abgepumpt. Der Vorgang der Entwässerung nahm mehrere Jahre in Anspruch. Nach der Abtragung der Vegetation und des Deckgebirges, sowie der Errichtung von Verarbeitungsanlagen und Transportinfrastruktur, konnte 1978 mit der Gewinnung von synthetischem Rohöl aus Ölsand begonnen werden. In Abbildung 30 ist der Zustand des Fördergebietes vor und nach der Erschließung zu sehen. Deutlich zu sehen sind die Umleitung des Beaver Creek, bei der sogar ein Stausee entstand, sowie die Größe des Tagebaus und des Absetzbeckens (vgl. NIEMZ 1991:125).

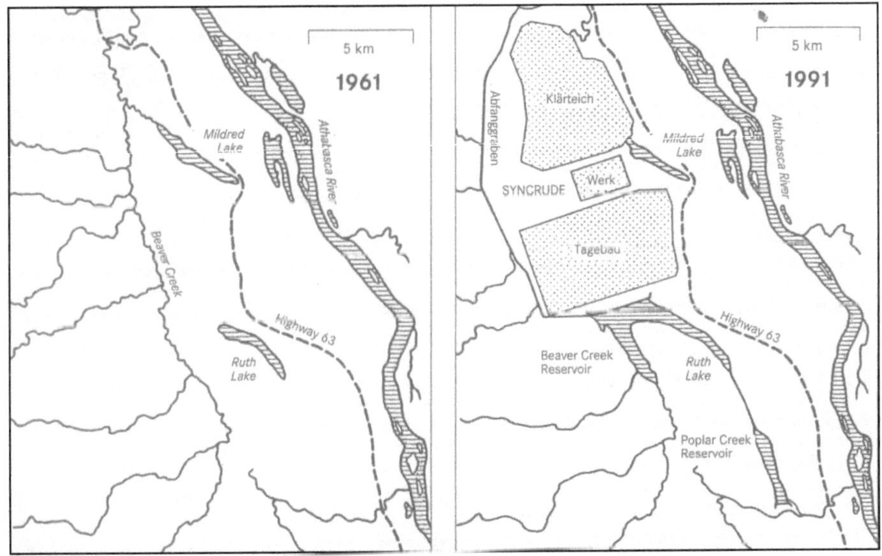

Abbildung 30: Athabasca Ölsandgebiet vor dem Projektbeginn der Firma Syncrude 1961 und die Flächen der Betriebsanlagen der Firma Syncrude mit dem geänderten Entwässerungssystem 1991. (Quelle: OPPERMANN 1998:22)

3.5 Ökologische Folgen der Ölsandförderung

Die Umweltschäden, die durch Explorationsmaßnahmen, Erschließung, Förderung und Verarbeitung entstehen, sind vielfältig. Luft, Boden und Gewässer werden durch Schadstoffe und Öl belastet. Die Umgestaltung der Landschaft durch den Bau von Infrastruktur und die Anlage von Tagebaugruben verändern und zerstören lokale Ökosysteme für Jahrzehnte. Wie auch in Westsibirien laufen in der Ölsandregion Kanadas im subarktischen Bereich Regenerationsprozesse weitaus langsamer ab als in klimatisch gemäßigteren Zonen.

Schon in der Erkundungsphase werden Explorationsschneisen in den Wald geschlagen, Camps angelegt und es können unter Umständen Schadstoffe in die Umwelt gelangen. Es werden bei weitem mehr Erkundungen durchgeführt als später Gebiete erschlossen werden und so bleiben vielerorts Schäden der Erkundungsarbeiten zurück. Ist ein Areal gefunden, das wirtschaftlich rentabel erscheint, werden Maßnahmen zur Erschließung eingeleitet und schließlich der Abbau vorgenommen (vgl. STEINECKE 2000:33).

Überall dort, wo für den Bau von Betriebsanlagen und Straßen flächenhaft der Wald gerodet wird, setzt, wenn Permafrost vorhanden ist, eine Degradation desselben mit Thermokarsterscheinungen ein. Durch das Auftauen des Eises wird die eingefrorene Biomasse wieder der Zersetzung preisgegeben, wodurch Methan und Kohlendioxid, die über Jahrtausende im Eis gebunden waren, als Treibhausgase in die Atmosphäre gelangen. Ebenso senkt sich die Oberfläche ab, wenn das Eis im Boden auftaut.

Wie bereits in 3.3 und 3.4 erwähnt, stellt der Tagebau mit seinen Begleiterscheinungen den gravierendsten Eingriff in die Umwelt dar. Das Anlegen von Gruben, Absetzbecken, Abraumhalden und der Bau von Industrieanlagen sind die Hauptakteure in der Landschaftsumgestaltung. Die Absetzbecken und Klärteiche, die bereits 50 Quadratkilometer Fläche in Alberta einnehmen, bergen dabei ein hohes Gefahrenpotential. Bei der Produktion von einem Barrel Öl aus Ölsand fallen zwei bis vier Barrels Abwässer an (BANGERT et al. 2006:69), die in die Absetzbecken gepumpt werden. In diesen sammeln sich dann Ölreste und Schadstoffe aus den Verarbeitungsprozessen des Ölsands. Abwässer aus den Unterkünften der Arbeiter werden ebenfalls ungeklärt in die Becken geleitet. Diese Becken werden zum Teil aus natürlichen Seen und ursprünglichen Gewässern in Form von Stauteichen angelegt, aus denen permanent schadstoffbelastete Abwässer austreten. Die Dämme, mit denen die Absetzbecken eingefasst sind, weisen mancherorts mangelhafte Sicherheitsvorkehrungen auf, wobei der Bruch eines solchen Dammes schlimme Folgen für die Umwelt hätte (vgl. STEINECKE 2000:34).

Die Ölsandindustrie ist der größte Treibhausemittent Kanadas (vgl. 3.3). Ein Hauptteil der Emissionen entsteht bei der Verbrennung von Erdgas zum Erhitzen von Wasser beim in-situ Verfahren und in Extraktionsanlagen. Für ein Barrel Öl aus Ölsand werden rund 80 Kilogramm Treibhausgase frei gesetzt (BANGERT et al. 2006:69). Die Ratifizierung des Kyoto-Protokolls durch den kanadischen Staat steht in Konflikt mit den steigenden Emissionen der Ölsandunternehmen. Diese haben sich vorgenommen, bis 2008 die Emissionen von Schwefeldioxid um 60 % und von Kohlendioxid um 28 % zu senken (OPPERMANN & UHLENBROCK 2006).

Die Eingriffe in den Gebieten der Ölsandförderung gefährden neben der lokalen Fauna auch die dort ansässige Tierwelt. Entwässerung und Umstrukturierung von Flussläufen verändern das Erosionsverhalten der Gewässer und führen zu einem Absinken des Wasserstandes, wodurch Fischarten gefährdet werden. Der Bau von Straßen und Pipelines behindert Tiere, die alljährliche Wanderungen in südlichere Gebiete unternehmen. Abbildung 31 zeigt eine Satellitenaufnahme mit Straßen und Förderanlagen. Die rot eingefärbten Bereiche sind Zonen, die von Wildtieren gemieden werden und Hindernisse bei deren Wanderungen darstellen.

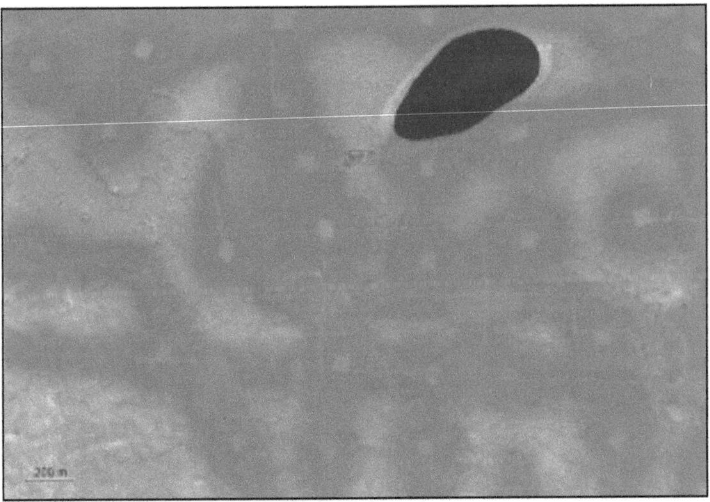

Abbildung 31: Zonen um Bohrlöcher und Zugangsstraßen am Long Lake, die von Wildtieren gemieden werden. (Quelle: SCHNEIDER & DYER 2006:5)

Beispielsweise können Caribouherden, die im Winter die Tundra verlassen und in Taiga-Gebiete in der Region am Großen Sklavensee wandern, die Überwinterungsquartiere nicht mehr erreichen. Sie werden mit Hindernissen und Verkehr, die für sie unüberwindbar sind, davon abgehalten, ihren uralten Routen zu folgen. Ureinwohner, die unter anderem von der Jagd dieser Tiere leben, können sich nicht mehr auf das regelmäßige Erscheinen der Caribouherden verlassen und sind somit einer sowohl traditionellen wie auch existentiellen Lebensgrundlage beraubt worden (vgl. STEINECKE 2000:34). Die Abbildungen 32 und 33 zeigen den Rückgang von Caribous, Fischmardern (Fisher), Luxen (Lynx) und Mardern (Marten).

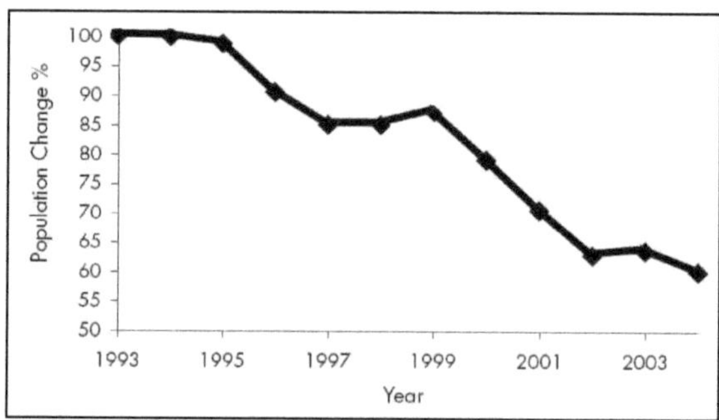

Abbildung 32: Veränderung der Population der East Side Athabasca River Caribou Herde. (Quelle: SCHNEIDER & DYER 2006:5; nach: ALBERTA WOODLAND CARIBOU RECOVERY TEAM)

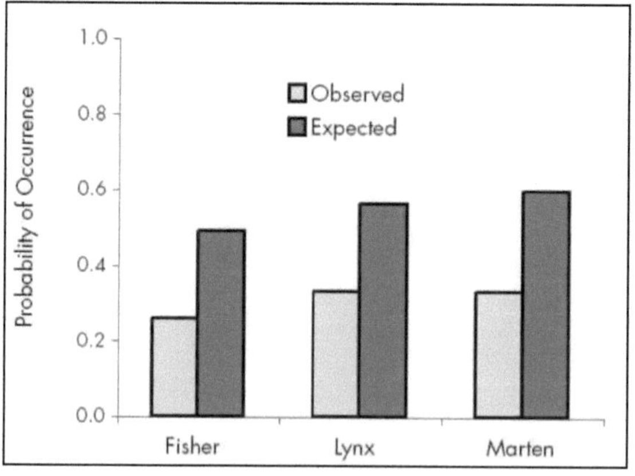

Abbildung 33: Wahrscheinlichkeit des Auftretens von Fischmardern, Luxen und Mardern in Ölsandabbaugebieten im Vergleich mit Gebieten ohne menschlichen Eingriff. (Quelle: SCHNEIDER & DYER 2006:5; aus NIELSEN et al. 2006)

3.6 Die 'First Nations' in Ölsandgebieten

Im Gebiet der Ölsandvorkommen Albertas leben auch verschiedene indigenen Gruppen, die durch die Erschließung der Lagerstätten einen ständigen Kampf um ihre Existenz und die Aufrechterhaltung ihrer traditionellen Lebensweise führen. Obwohl die so genannten First Nations uralte Landnutzungsrechte besitzen, werden sie in der Praxis häufig vertröstet oder aufgrund ihrer geringen Anzahl schlichtweg ignoriert. Seit Mitte der Achtziger Jahre hat eine Selbstorganisation und Emanzipation auf politischer Ebene unter der Urbevölkerung eingesetzt. Allerdings ist diese Emanzipation in Alberta noch nicht so weit verbreitet, wie in anderen Teilen Kanadas, und die Entscheidungsfindung erfolgt noch häufig ohne Einbezug der indigenen Gruppen (vgl. DÖRRENBÄCHER 2006:56).

Im Athabasca Gebiet ringen die Lubicon Cree schon seit Jahrzehnten um ein Areal, das ihnen ausreichend Raum für ihre Lebensweise bietet. Der Fischfang, die Jagd und das Fallenstellen sind in ihrem Hauptverbreitungsgebiet um die Stadt Little Buffalo heute kaum mehr möglich. Hier befinden sich um die 1.700 Ölpumpen der konventionellen Ölförderung (BANGERT et al. 2006:68). Durch den rasanten Ausbau der Ölsandindustrie sind die Aussichten in dem ölsandreichen Lebensraum der Lubicon Cree kaum vielversprechend (vgl. BANGERT et al. 2006:67-69).

Die Prosperität, die ein Ressourcenabbau mit sich bringt, ist nach deren Erschöpfung schnell wieder verflogen. Was der Urbevölkerung bleibt, ist eine „verbrauchte und ökologisch ruinierte Landschaft ohne Zukunftsperspektive" (DÖRRENBÄCHER 2006:52). Nur wenn der kanadische Staat mehr auf die Interessen und Bedürfnisse der First Nations eingeht und diese nicht aufhören sich politisch zu engagieren, um sich auf diese Weise eine Lobby zu erarbeiten, dann kann mancherorts vielleicht ein ausreichend großes Reservat entstehen und die Ureinwohner können ihre ursprüngliche Lebensweise aufrechterhalten.

3.7 Ausblick

Die Urbevölkerung sieht sich als Teil der Natur und würde sich nicht über sie erheben, geschweige denn sich als ihr Besitzer deklarieren. Ebenso kennen sie den Begriff „Ressource" nicht, da dieser erst durch die Industriegesellschaft eingeführt wurde. Der Satz „Resources are not, they become" (DÖRRENBÄCHER 2006:53) verdeutlicht die unterschiedliche Denkweise zwischen ökonomischer Orientierung und dem ökologisch nachhaltigen Umgang der Ureinwohner mit der Natur. Viele Kanadier sehen keinen großen Handlungsbedarf in

Umweltbelangen, da in den endlosen Weiten der Waldareale die gestörten Bereiche als klein und geringfügig betrachtet werden (vgl. STEINECKE 2000:35).

Da sich die konventionellen Ölreserven Kanadas dem Ende zuneigen, besteht ein großes Interesse an den reichlich vorhandenen Ölsanden. Einerseits, um den eigenen Bedarf auf lange Sicht sicherzustellen, andererseits, um die Machtposition auf dem Energiemarkt weltweit auszubauen. Bis jetzt sind erst 25 Prozent der Ölsande erschlossen worden und bis 2020 ist eine Verdreifachung der Fördermenge geplant (RIECK & UHLENBROCK 2006). Neue Methoden werden bisher technisch unerschließbare Vorkommen dem Abbau zugänglich machen, wobei überdies die Förderkosten weiter gesenkt werden können.

Die Altlasten und die allerorts unbefriedigende Rekultivierung werden auch in Zukunft ein Problemthema bleiben, da der kanadische Staat bis jetzt seinen Pflichten, die eigenen Gesetze auch in die Praxis umzusetzen, nur ungenügend nachkommt.

4. Kohlebergbau in China

4.1 Überblick

„When we are richer, we will take more responsibility."(FREESE 2003:231)

An dem Ausspruch des Leiters der BECon (Beijing Energy Efficiency Center), Zhou Dadi, ist erkennbar, dass sich China in seinem rasanten Wachstum nicht in Sachen Umweltpolitik hineinreden lässt. Es wird von chinesischen Politikern auf die Umweltsünden der jetzt monierenden westlichen Industriestaaten verwiesen, die diese zu Zeiten ihrer Industrialisierung begangen haben. Der Unterschied ist nur, dass man damals noch nichts von nachhaltigem Wirtschaften wusste und ein ökologisches Bewusstsein im heutigen Sinne nicht vorhanden war. Auch war zu jener Zeit der Begriff „globale Klimaerwärmung durch Treibhausgasemissionen" noch nicht bekannt. Die Folgen der Umweltsünden des starken Wachstums Chinas werden lokal noch lange zu spüren sein und verstärkt zur globalen Erwärmung beitragen.

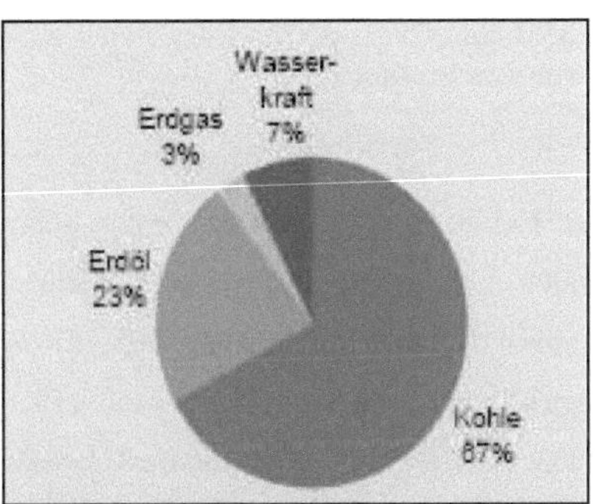

Abbildung 34: Anteile der Energieträger am Primärenergieverbrauch 2003 in China. (Quelle: HEYMANN 2006:4; CHINA STATISTICAL YEARBOOK 2004)

Schon heute liegen fünf der zehn am stärksten verschmutzten Städte der Welt in China (vgl. FREESE 2003:216). Hauptgrund der Verschmutzung stellt die Verbrennung von meist ungewaschenen Kohlen mit hohem Schwefelanteil in Industrieanlagen und Haushalten dar. Kohle ist der Hauptenergielieferant Chinas. 67% des Primärenergieverbrauchs (s. Abb. 34) und 70% der Stromproduktion basieren auf Kohle (ELLMIES & HÄUßER 2003:14). China verfügt über solch gewaltige Mengen an Kohlereserven, dass der Kohlenachschub für die hungrigen Energiekonsumenten bei gleich bleibendem Abbauvolumen für 1000 Jahre reichen würde (vgl. BÖKEMEIER 2002:112). In Zahlen ausgedrückt belaufen sich die Kohlereserven Chinas auf 5.570 Milliarden Tonnen, was 9 Prozent der Weltkohlereserven entspricht. Davon sind bis jetzt 114,5 Milliarden Tonnen als abbaufähige Ressourcen eingestuft. China stellt mit einer jährlichen Förderung von etwa 950 Millionen Tonnen insgesamt ein Drittel der weltweit geförderten Menge an Kohle (ELLMIES & HÄUßER 2003:14-15) (s. Abb. 35).

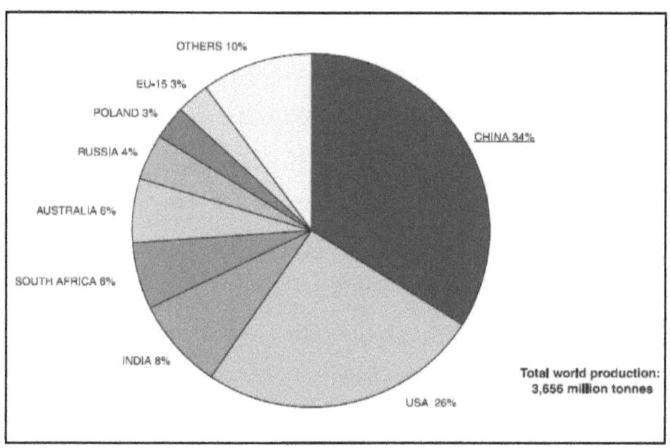

Abbildung 35: Chinas Vormachtstellung in der Kohleförderung weltweit im Jahr 1998.
(Quelle: IEA (INTERNATIONAL ENERGY AGENCY) 1999)

Die Energiegewinnung aus Kohle ist in China mit einer hohen Ineffizienz und großen Umweltbelastungen verbunden. Landesweit steuert die Kohlenverbrennung zwei Drittel zu den Staub- und Rauchgasemissionen bei (SCHÜLLER 2005:48). Weltweit nimmt China mit einem Anteil von 11% an den CO2-Emissionen zudem zweiten Platz hinter den USA mit 22% ein (ELLMIES & HÄUßER 2003:14-15). Durch die hohe Bevölkerungszahl in China stellen die Pro-Kopf-Ausstöße aber nur ein Zehntel der Pro-Kopf-Emissionen der USA dar (SCHÜLLER 2005:48). Dieses Argument wird gerne von chinesischen Politikern in Diskussionen um Umweltverträglichkeit verwendet, macht die vorhandenen gewaltigen Emissionen jedoch nicht geringer. Der hohe Schadstoffgehalt in der Luft führt in Kohleförderregionen und in Großstädten zu Smog, saurem Regen und in der Folge zu Krebserkrankungen bei Menschen und Bodendegradierungen in der Landwirtschaft.

Schwelende Kohlebrände machen ein weiteres Problem deutlich. Sie emittieren rund ein Drittel der weltweiten Treibhausemissionen aus Kohlengas, das hauptsächlich aus Methan besteht (ELLMIES & HÄUßER 2003:36). Bei verdeckten Schwelbränden entsteht bis zu vier Mal soviel des äußerst schädlichen Treibhausgases Methan als bei offener Kohleverbrennung (vgl. BÖKEMEIER 2002:124). Von dem weltweiten Anteil von 11% an CO_2-Emissionen nehmen die Kohlebrände 2-3% ein, was der vierfachen Menge der deutschen Autoabgase entspricht (BÖKEMEIER 2002:124).

Neben der Luftverschmutzung sind auch die Gewässer in der Umgebung der Kohleförderung stark belastet, denn das Waschen der Kohle spart Transportkosten und beseitigt zusätzlich einen Großteil des Schwefels. Das Wasser, welches man hierfür in großen Mengen benötigt, wird hochbelastet zurück in die Flüsse geleitet. Nördliche Regionen, in denen Wasser ohnehin ein knappes Gut ist, befinden sich durch den Wasserverbrauch und die Wasserverschmutzung der Kohleindustrie zumeist in einem großen Konflikt zwischen Ökonomie und Ökologie.

Am Beispiel der Olympiade im Jahr 2008 in Beijing zeigt sich deutlich, dass es oft nicht eine Frage des Könnens, sondern des Wollens ist, Maßnahmen gegen die Verschmutzung zu ergreifen. Seit der Bewerbung und verstärkt auch seit der Zusage für die Spiele, sind hier mit hohem Einsatz beachtliche Erfolge bei der Reduzierung der Luftverschmutzung erzielt worden. Beispielsweise wurde der Schwefeldioxidgehalt in der Luft in nur zwei Jahren um 41% gesenkt. Jetzt ist er nicht mehr wie bisher drei Mal, sondern nur noch zwei Mal so hoch wie die Weltgesundheitsrichtlinien es empfehlen (vgl. FREESE 2003:228).

4.2 Kohlevorkommen in China

Der Kohleabbau begann im Süden Chinas und hat sich aufgrund der Entdeckung großer Kohlelagerstätten in zentraleren und nördlicheren Regionen mehr und mehr dorthin verschoben. Die größten Kohlevorkommen befinden sich in der zentral gelegenen Huabei (Nord-)Region und in der Nordwestregion (s. Abb. 36 und 37). Die Provinz Shanxi in erstgenannter Region nimmt mit 30 % der chinesischen Kohlereserven und 27 % der landesweiten Kohleförderung Platz eins der größten Vorkommen ein (ELLMIES & HÄUßER 2003:23). Chinas umfassendste Lagerstätten waren hier lange Zeit nicht erschließbar gewesen, da sie unter bis zu 85 Metern Löss begraben sind. Das zerklüftete Gebiet des Lössplateaus erleichtert zwar die Zugänglichkeit, machte aber einen Abtransport mit früheren Mitteln unmöglich. Erst als der Straßenbau soweit entwickelt war, dass befestigte Straßen LKWs standhielten, konnte mit einem groß angelegten Abbau begonnen werden (vgl. FREESE 2003:218).

Nordost Region
6%
Nordwest Region
38%
KIRGISISTAN
MONGOLEI
Huabei (Nord-) Region
47%
0%
Tibet - Qinghai - Sanjiang Region
Südwest Region
7%
Südost Region
2%
3% sonst. (Trias, Tertiär)
Kreide
7%
Unteres Perm
20%
Perm (undifferenziert)
10%
60%
Unterer und Mittlerer Jura
VR CHINA (gesamt)
VIETNAM
TAIWAN
JAPAN
STILLER OZEAN
BGR

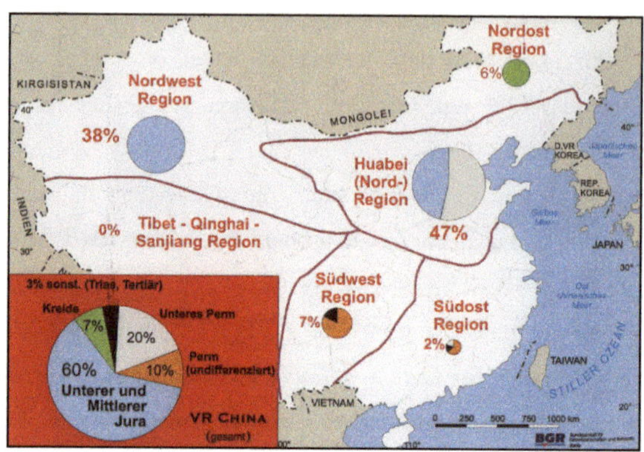

Abbildung 36: Die Kohlenregionen Chinas und die stratigraphischen Position der Kohlenführung.
(Quelle: leicht verändert nach: ELLMIES & HÄUßER 2003: 22)

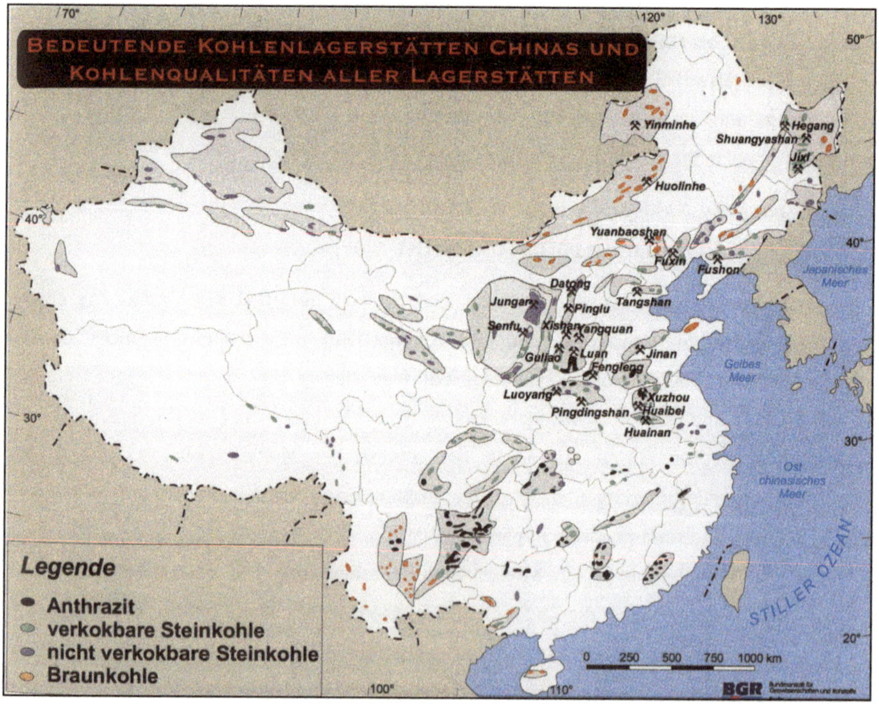

BEDEUTENDE KOHLENLAGERSTÄTTEN CHINAS UND KOHLENQUALITÄTEN ALLER LAGERSTÄTTEN
Yinminhe
Hegang
Shuangyashan
Jixi
Huolinhe
Yuanbaoshan
Fuxin
Fushon
Datong
Tangshan
Jungar
Pinglu
Senfu
Xishan
Yangquan
Luan
Jinan
Guliao
Fengfeng
Luoyang
Xuzhou
Pingdingshan
Huaibei
Huainan
Japanisches Meer
Gelbes Meer
Ost chinesisches Meer
STILLER OZEAN
Legende
Anthrazit
verkokbare Steinkohle
nicht verkokbare Steinkohle
Braunkohle
0 250 500 750 1000 km
BGR

Abbildung 37: Die bedeutendsten Kohlenlagerstätten Chinas (Bergwerke und Tagebaue).
(Quelle: ELLMIES & HÄUßER 2003: 27; verändert nach IEA 1999)

In der Nordwestregion befinden sich derzeit über 38 % der sicheren und nachgewiesenen Kohleressourcen (ELLMIES & HÄUßER 2003:23). Die Region könnte durch einen Infrastrukturausbau noch mehr an Bedeutung gewinnen, da in ihr noch große Vorkommen unerschlossen sind. Einen hohen, wenn auch zweifelhaften, Bekanntheitsgrad hat die Region überdies durch ihre zahlreichen schwelenden Kohleflöze, besonders um die Stadt Ürümqi herum.

Die Anteile an der Förderung von Stein-, Braunkohle und Anthrazit liegen bei 69, 14 und 17 Prozent (ELLMIES & HÄUßER 2003:19). Steinkohlen sind in großen Mengen in westlichen und zentralen Provinzen zu finden. Braunkohle kommt vorwiegend im äußersten Norden, also in der Inneren Mongolei vor (vgl. ELLMIES & HÄUßER 2003:3).

4.3 Ökologische Probleme bei der Kohlengewinnung

Die Probleme, die den Abbau und die Verarbeitung von Kohle begleiten, äußern sich in Luftverschmutzung und saurem Regen, Wasserbelastung, Landverbrauch und in der Umgestaltung der Landschaft.

4.3.1 Luftverschmutzung und Saurer Regen

Auf ein Drittel der Landmasse Chinas fällt saurer Regen mit Folgen für Böden, Pflanzen und Grundwasser (vgl. HEYMANN 2006:4). Die schadstoffbelastete Luft richtet große Schäden in der Landwirtschaft, an Gebäuden und der Gesundheit der Menschen an. Für den sauren Regen ist in erster Linie der hohe Schwefeldioxidgehalt Schuld, der durch die Verbrennung von ungewaschenen Kohlen frei und durch fehlende Filteranlagen in veralteten Kraftwerken in die Luft geblasen wird. Im Süden Chinas, wo die Kohle mehr Schwefel enthält, sind 40% der Landesfläche betroffen. Im Norden, wo mehr Kohle verbrannt wird, neutralisieren die alkalischen Böden der sich ausweitenden Wüsten den sauren Regen (vgl. FREESE 2003:227).

Durch die Verwendung von ungewaschener Kohle zum Kochen und Heizen werden je nach Zusammensetzung auch Arsen und Fluor freigesetzt und von den Menschen aufgenommen. Im Südwesten Chinas leiden infolgedessen um die zehn Millionen Menschen an Fluorvergiftung und unter der Arsenbelastung der Luft. Landesweit sterben jährlich schätzungsweise eine Million Menschen an den Folgen der Kohleverbrennung (vgl. FREESE 2003:227). In ariden Gebieten mit wenig Niederschlag legt sich der Kohlenstaub durch

Niederschlagsereignisse mit anschließender Trockenphase als regengehärtete Schicht wie Teer über den Boden.

4.3.2 Kohlefeuer

Mit drei Prozent an Chinas Emissionen (ELLMIES & HÄUßER 2003:56) haben die zum Teil schon Jahrhunderte lang schwelenden, bis zu 300 Meter in die Erde reichenden, Kohlefeuer einen großen Anteil an der Luftverschmutzung. Wenn unterirdisch liegende Kohleflöze aus natürlichen Umständen durch Spalten und Klüfte oder durch Abbauschächte des Menschen mit Luft in Berührung kommen, kann es im Falle eines bestimmten Kohlegas-Luft-Gemisches zu einer Selbstentzündung der Kohle kommen (s. Abb. 38).

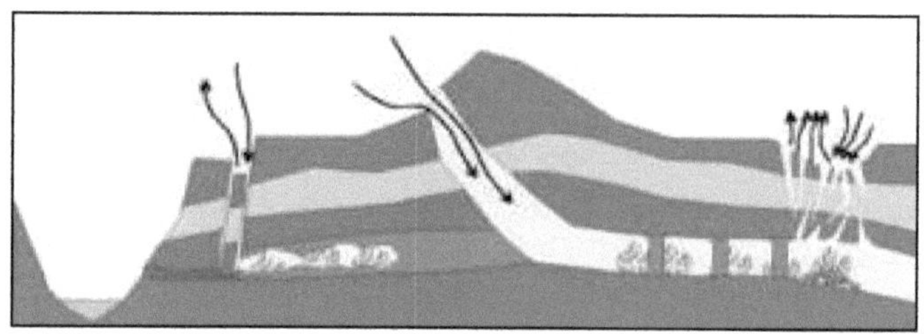

Abbildung 38: Schematische Darstellung eines Kohleflözbrandes.
(Quelle: leicht verändert nach COAL FIRE RESEARCH 2007)

Der Kohlenstoff reagiert mit dem Sauerstoff und es entsteht Wärme. Falls diese Wärme in natürlichen Hohlräumen oder Bergbauschächten nicht ausreichend entweichen kann und Luft in das unterirdische Flöz nachströmt, entzündet sich die Kohle bei ca. 80 Grad von selbst. Etwa zehn Prozent der Kohlenflöze entzünden sich auf natürliche Weise zum Beispiel durch Blitzschlag, wohingegen neunzig Prozent der Entzündungen auf menschliche Nachlässigkeiten zurückzuführen sind: unsachgemäß betriebene oder fehlende Belüftungssysteme in den Schachtanlagen, offene Feuer oder der Betrieb von Schnapsbrennereien in stillgelegten Gruben. Ist das Flöz einmal entflammt, wird es, falls es nicht durch den Menschen gelöscht wird, bis zu seiner Erschöpfung weiter vor sich hin schwelen. Die Kohlebrände werden von den Einheimischen auch „Höllenglut“ genannt und die glühenden Spalten werden als Vulkane gedeutet (s. Abb. 39), der irgendwann auszubrechen droht. Das Gegenteil ist jedoch der Fall. Kein Ausbrechen, sondern ein Einbrechen und Absacken über dem entstandenen Hohlraum der verbrannten Kohle wird in absehbarer Zeit eintreten (vgl. BÖKEMEIER 2002:100-124).

Wahrscheinlich weniger die Emissionen, als die erhebliche Vernichtung von Kohlevorkommen durch die Kohlenfeuer verursacht Handlungsbedarf seitens der Regierung. Jährlich gehen 200 Millionen Tonnen, das entspricht einem Fünftel der Gesamtfördermenge Chinas, durch die unterirdischen Brände verloren. Der notwendige Sicherheitsabstand um einen Brandherd herum macht zusätzlich ungefähr die zehnfache Menge an Kohle unbrauchbar, die vom Feuer bereits zerstört wurde (vgl. BÖKEMEIER 2002:112).

Abbildung 39: Unterirdisch brennendes Flöz glüht wie Magma in den Erdspalten. Risse, Brüche und Rauchfahnen im blaugrau verglosten Gestein verraten die Aushöhlung des Geländes. Nicht weit davon entfernt fahren Bergleute in eine Zeche ein.
(Quelle: ELLERINGMANN 2002)

In Wüstengebieten herrschen durch die sommerliche Hitze und Trockenheit beste Bedingungen für Kohlebrände. Die Provinz Xinjiang im äußersten Nordwesten hat zusammen mit der Provinz Ningxia die Hälfte aller Kohlenfeuer Chinas zu verzeichnen. In Xinjiang liegt die Stadt Ürümqi im Zentrum des Kohlebergbaus und ist, wie in Abbildung 40 erkennbar, von Brandherden umgeben. Hier arbeiten internationale Experten an Projekten zur Lokalisierung, Früherkennung und Bekämpfung der Flözbrände. Für das Löschen eines unterirdischen Feuers werden drei bis vier Jahre angesetzt. Die Feuerbrigade schiebt Spalten mit Geröll zu, damit die einbruchgefährdete und poröse Oberfläche über dem Feuer wieder begehbar wird (s. Abb. 41). Anschließend wird Wasser durch Bohrlöcher in das schwelende Flöz gepumpt. Ist der Brand nach Jahren gelöscht, wird der Boden mit Lehm und Ziegeln versiegelt (vgl. BÖKEMEIER 2002:118-121).

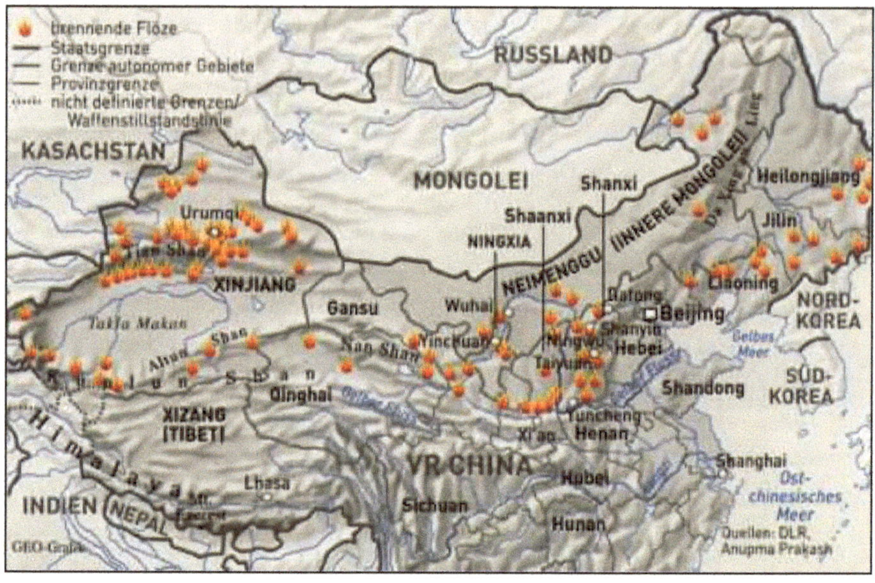

Abbildung 40: Kohleflözbrände in China mit Unterteilung in Provinzen.
(Quelle: BÖKEMEIER 2002:116; aus: DLR, ANUPMA PRAKASH)

Abbildung 41: Bulldozer decken gelöschte, aber immer noch rauchende Kohlenflöze im „Schwefeltal“ bei Ürümqi mit Erde ab.
(Quelle: ELLERINGMANN 2002)

4.3.3 Landschaftsumgestaltung und Wasserverschmutzung durch Kohlenwaschung

Anhand des Abbaugebiets Liuhuang Gu bei der Stadt Ürümqi, wo unter anderem auch Chinas folgenschwersten Kohlenbrände wüten, lassen sich gut die Folgen des Kohlebergbaus für die Umwelt veranschaulichen. Bevor hier Kohle abgebaut wurde und das Gebiet die Bezeichnung „Schwefeltal" erhielt, war das Landschaftsbild von einer hügeligen Grassteppe geprägt. Die Luft ist reich an Schwefel, Ruß, Rauch und zahllosen Schadstoffen. Kein Stein ist heute mehr auf dem anderen. Die Erde wurde durchwühlt, umgegraben und von Fahrzeugen zermartert. Durch den Tagebau ist der Boden völlig zerstört und der Mutterboden unwiederbringlich weggebaggert. Die Oberfläche ist zerborsten und von salzverkrusteten Regenpfützen überzogen. Vegetation in irgendeiner Form ist kaum bis gar nicht vorhanden. Eingestürzte Schachtanlagen verursachen eingesackte Gräben und abgerutschte Böschungen. Durch illegalen Abbau in den circa 200.000 Kleinstzechen Chinas werden ganze Landstriche ausgehöhlt und zum Einsturz gebracht. Abbildung 42 zeigt eine solche, wahrscheinlich illegale Kleinstzeche, und die harten Arbeitsbedingungen für Mensch und Tier. Die kontrollierte, also staatlich genehmigte Kohleförderung verbraucht für die Gewinnung von einer Million Tonnen Kohle 30.000 Hektar Land (BÖKEMEIER 2002:124).

Abbildung 42: Ein entkräftetes Muli vor einem Karren mit 850 Kilo Kohle in Bingdong Shan. Ähnlich primitiv sind die Fördermethoden in allen meist illegalen Kleinstzechen in der Provinz Shanxi. (Quelle: ELLERINGMANN 2002)

Die Flüsse und Seen Chinas befinden sich auf einem kritischen Verschmutzungs-Niveau. Je näher diese an einem Fördergebiet liegen, desto höher ist die Belastung durch beispielsweise Benzin, Schwermetallen und anderen schwer abbaubaren Stoffen. Aus Kohlegruben zurückgeführtes Wasser und Aufbereitungsschlämme belasten die Flüsse jährlich mit 300.000 Tonnen Kohlenschwebstoffen (ELLMIES & HÄUßER 2003:56). Das Oberflächen- und Grundwasser ist vielerorts nicht mehr für den täglichen häuslichen Bedarf oder gar eine landwirtschaftliche Bewässerung verwendbar. „Nach Einschätzung des Ministeriums für Wasserressourcen trinkt ein Viertel der Bevölkerung Wasser von gesundheitsgefährdender Qualität." (SCHÜLLER 2005:49) Wasch- und Reinigungsprozesse der Kohle mindern zwar bei der Verbrennung entstehende Schadstoffe wie Schwefel erheblich, verbrauchen und verschmutzen aber eine erhebliche Menge an Wasser, das in den trockenen Regionen des Nordens ein kostbares Gut ist. Für die Aufbereitung einer Tonne Kohle sind nämlich vier Tonnen Wasser nötig (ELLMIES & HÄUßER 2003:38).

Um Transportkosten zu reduzieren und somit die Staatsbahn, deren Transportkapazität ungefähr zur Hälfte durch Steinkohlentransporte beansprucht ist, zu entlasten, wird die Kohle in Aufbereitungsanlagen gewaschen. Dadurch werden im Nassverfahren das an Pyrit gebundene Schwefeldioxid, Aschen und siliziklastische Bestandteile von der Kohle getrennt. Beim Verbrennen entstehen nun wesentlich weniger Schadstoffe als es bei ungewaschener Kohle der Fall ist. Bis in die Neunziger Jahre hat die Regierung Investmentkapital verweigert und Wasser kontingentisiert um die Herstellung hochwertigerer Kohlen zu verhindern. Mittlerweile werden Vorhaben die zu einer Qualitätssteigerung und zu Emissionsverringerungen beim Verbrennen führen, vom Staat unterstützt. Im Jahr 2000 wurde nur etwa 30 Prozent der geförderten Kohle einem Aufbereitungsprozess unterzogen. Bis zum Jahr 2010 soll der Anteil der gewaschenen Kohlen auf 60 Prozent ansteigen. Neue Verfahren zur Trockenaufbereitung werden bereits entwickelt und sollen in ariden Regionen in absehbarer Zeit Anwendung finden (vgl. ELLMIES & HÄUßER 2003:37-38, 48).

4.4 Ausblick

Da die Folgekosten der Umweltverschmutzung etwa acht bis 12 Prozent des chinesischen Bruttoinlandprodukts beanspruchen, wird sich China schon allein aus wirtschaftlichen Gründen etwas einfallen lassen müssen, um die Umweltschäden zu reduzieren (HEYMANN 2006:3). In Sachen Effizienz ist zudem noch eine beträchtliche Steigerung zwischen 30 und 50 Prozent (HEYMANN 2006:3) möglich, da der momentane durchschnittliche Wirkungsgrad bei nur 28 Prozent liegt (ELLMIES & HÄUßER 2003:40). Kleine und veraltete Kraftwerke müssten modernisiert oder ersetzt werden. Abschaltungen sind aber aufgrund der vielerorts enormen Stromknappheit oft nicht realisierbar.

Der Verbrauch von Kohle wird sich voraussichtlich bis zum Jahre 2025 verdoppelt haben (HEYMANN 2006:5) und daher ist es dringend erforderlich einen ökologisch verträglicheren Umgang mit der Ressource Kohle zu finden. Die gewaltigen Mengen an Treibhausgasen, die durch Kohleverbrennung und durch unterirdische Kohlebrände in die Atmosphäre gelangen, haben Auswirkungen auf die gesamte Welt und beschleunigen zusätzlich den Klimawandel.

5. Fazit

Fossile Brennstoffe sind begehrte Rohstoffe, mit deren Gewinnung ein immenser Raubbau an der Natur einhergeht. Um an die in der Erde verborgenen Schätze zu kommen, werden keine noch so großen Kosten und Mühen gescheut, sofern durch sie ein Gewinn erzielbar ist. Dabei haben Konzerne der Förderindustrie und die zuständige Politik keinerlei Skrupel, menschen- und umweltverachtende Methoden zur Gewinnung einzusetzen. Größere Umweltschäden durch Einzelereignisse, wie ein Pipelinebruch oder ein Tankerunglück, werden als singuläre, bedauerliche Vorfälle eingestuft. Es wird aber verschwiegen, dass solche Vorkommnisse das Ergebnis fahrlässiger Sicherheitsmaßnahmen im Umgang mit den Ressourcen sind und in kleineren Dimensionen an der Tagesordnung stehen. Ebenso wird die Verantwortung durch gegenseitige Schuldzuweisungen weitergereicht. Möglichkeiten zu einem umweltverträglicheren Abbau zeigen beispielsweise die Bemühungen Chinas zum Bau von mehr Entschwefelungsanlagen und Modernisierungen der Bergwerke durch Bekämpfung der illegalen Kleinstzechen, bis hin zu mehr Großbetrieben mit höheren Sicherheitsstandards. Man darf aber unterstellen, dass diese langsam anlaufenden Bemühungen auch auf die hohen Kosten zurückgehen, die die Umweltschädigung mehr und mehr verursacht, und dass man diese Ausgaben gerne wieder reduzieren würde.

Europas große Nachfrage an Öl wird zu großen Teilen aus westsibirischen Ölfeldern befriedigt. Unter welchen katastrophalen Bedingungen das Öl dort jedoch gewonnen und schließlich in den Westen transportiert wird, ist bei den Raffinerien, in denen die Pipeline endet, mit Sicherheit wohl bekannt, aber es wird tunlichst der Mantel des Schweigens darüber gehüllt. Ebenso verschleiern Ölkonzerne und Russlands politische Führung die wirklichen Zustände des Pipelinenetzwerkes und sonstigen Sicherheitsmaßnahmen bei der Förderung.

Kanada, von dem man noch am ehesten ein gewisses Umweltbewusstsein erwarten könnte, enttäuscht, wenn es darum geht, Umweltschutz vor wirtschaftlichen Interessen zu stellen. Auf über Jahre ausstehende Rekultivierungsmaßnahmen wird seitens des Gesetzgebers nur unzureichender Druck ausgeübt. Die Ölfirmen flüchten sich immer wieder in Schlupflöcher der Gesetze und verzögern die Maßnahmen zur Wiederherstellung eines Ökosystems nach der Förderung, oder setzen diese zum Teil ganz aus.

Solange die Folgen der Umweltschädigung keine zu großen Kosten hervorrufen, wird auch nichts in Sachen ökologisch nachhaltigerem Wirtschaften unternommen. In Zeiten des weltweiten Klimawandels und der stetigen Zunahme von lokalen und globalen anthropogen verursachten Naturkatastrophen ist es teilweise bereits teurer geworden, die Umwelt zu schädigen, als ökologisch nachhaltig zu agieren.

Literatur

BABIES, H.G. (2003): *Ölsande in Kanada – Eine Alternative zum konventionellem Öl?*.- http://www.bgr.bund.de/cln_006/nn_331182/DE/Allgemeines/Z6/Downloads/Commodity__Top__News/Energie/20__oelsande__kanada,templateId=raw,property=publicationFile.pdf/20_oelsande_kanada.pdf (abgerufen am 17.04.2007).

BANGERT, Y., DELIUS, U., GEESMANN, J., MEYER, S., REINKE, S. & K.VEIGT (2006): *Die Arktis schmilzt und wird geplündert - Indigene Völker leiden unter Klimawandel und Rohstoffabbau.*- http://www.gfbv.de/reedit/openObjects/openObjects/show_file.php?type=report&property=download&id=21 (abgerufen am 04.04.2007).

BANGERT, Y. (2006): *Sibirien: Die Schatzkammer Russlands - Goldgräberstimmung: Gold und Diamanten machen Erdöl und Erdgas Konkurrenz. Und treiben die Umweltzerstörung und Menschenrechtsverletzungen weiter an.*- http://www.gfbv.it/3dossier/siberia/sibirien-yb.html (abgerufen am 04.04.2007).

BECKER, M. (2007): *Merkels Scheinerfolg – Geschönt, gemogelt, gefeiert.*- http://www.spiegel.de/fotostrecke/0,5538,PB64-UQ9MTk5NDImbnI9Mw_3_3,00.html (abgerufen am 15.04.2007).

BENDER, H.-U. & H.WEBER (1990): *Die westsibirische Erdöl- und Erdgasprovinz.*- In: Praxis Geographie, 1990, Heft 3, S.39-43.

BIOLOGIE.DE (2007).- http://www.biologie.de/w/images/3/3d/Russland_topo.png (abgerufen am 21.03.2007).

BÖKEMEIER, R . (2002): *Höllenfahrt durch China.*- In: GEO 2002, Heft 9, S.100-124.

BORK, H.-R., DIERSSEN, K. und E. D LAPSHINA (2006): *Dünen wandern, Auen versanden: Folgen der Erdöl- und Erdgasgewinnung in Sibirien.*- In: Landschaften der Erde unter dem Einfluss des Menschen, Darmstadt, S.40-42.

BOYD, E. (2006): *Sustainability: Oil Sands – More Carbon Blindness.*- http://digitalcrusader.ca/archives/2006/10/oil_sands_more.html (abgerufen am 17.04.2007).

BRÜCHER, W. (1995): *Erdöl und Erdgas in Alberta (Kanada).*- In: Geographische Rundschau 47, 1995, Heft 3, S.184-190.

COAL FIRE RESEARCH (2007): *Landsurface subsidence mapping.*- http://www.coalfire.caf.dlr.de/results/result_rs_landsubsidence_en.html (abgerufen am 30.04.2007).

DIETERLE, G. (2006): *Global Players im Krieg gegen die Natur?*.- In: Praxis Geographie, 2006, Heft 6, S.18-23.

DÖRRENBÄCHER, H.P. (2006): Natur und Ressource in Kanada – Mehr Umweltgerechtigkeit und selbstbestimmte Entwicklung indigener Völker.- In: GLASER, R. & K. Kremb (Hrsg.) (2006): *Nord- und Südamerika*.- Darmstadt, S.50-62.
ELLERINGMANN, S. (2002): Coal in China.-
http://www.elleringmann.com (abgerufen am 15.05.2007).

ELLMIES, R. & I. HÄUßER (2003): *China – Kohle*.- Rohststoffwirtschaftliche Länderstudien der Bundesanstalt für Geowissenschaften und Rohstoffe, Heft 26, 2003.

EXXON MOBILE (2006): *Oeldorado 2006*.-
WWW.EXXONMOBIL.DE/UNTERNEHMEN/SERVICE/PUBLIKATIONEN/DOWNLOADS/FILES/OELDORADO06_DE.PDF (abgerufen am 29.03.2007).

FEDDERN, J. (2001): *Riesige Landflächen in Sibirien ölverseucht*.-
http://www.innovations-report.de/html/berichte/umwelt_naturschutz/bericht-4341.html (abgerufen am 10.04.2007).

FREESE, B. (2003): *Coal – A Human History*.- Cambridge.

GAVRILOV, I. (2002): *Sibirien versinkt im Öl*.- In: GREENPEACE E.V. (2002): *Erdöl – Gefahr für Umwelt, Klima und Menschen*.- S.10-11,
http://www.greenpeace.at/uploads/media/oel_gefahr_fuer_umwelt_klima_und_mensch_01.pdf (abgerufen am 29.03.2007).

GERLOFF, J.-U. & A. ZIMM (1978): *Ökonomische Geographie der Sowjetunion*.- Leipzig.

GREENPEACE (2007): *Ölpest in Rußland*.-
http://gruppen.greenpeace.de/aachen/oel.html (abgerufen am 10.04.2007).

HABECK, J.-O. (2002): *How to Turn a Reindeer Pasture into an Oil Well, and vice versa: Transfer of Land, Compensation and Reclamation in the Komi Republic*.- In: KASTEN, E. (Hrsg.) (2002): *People and the Land – Pathways to Reform in Post-Soviet Siberia*.- Berlin, Seite 125-147.

HEYMANN, E. (2006): *Umweltsektor China - Von Großbaustelle zum Wachstumsmarkt*.-
http://www.dbresearch.com/PROD/DBR_INTERNET_EN-PROD/PROD0000000000195771.pdf (abgerufen am 25.04.2007).

IEA (INTERNATIONAL ENERGY AGENCY) (1999): *Coal in the Energy Supply of China*.-
http://www.iea.org/textbase/nppdf/free/1990/coalchina99.pdf (abgerufen am 30.04.2007).

LENZ, K.(1988): *Kanada – Eine geographische Landeskunde*.- Darmstadt.

LENZ, K.(2001): *Kanada – Geographie, Geschichte, Wirtschaft, Politik*.- Darmstadt.

MENON, S. (1996): *Russia's black future - Oil spill from a Russian pipeline*.-
http://findarticles.com/p/articles/mi_m1511/is_n2_v17/ai_17808117/pg_1 (abgerufen am 01.04.2007).

NIEMZ, G. (1991): *Ölgewinnung und Umweltschutz im Athabasca Ölsandgebiet, Alberta.*- In: Frankfurter Wirtschafts- und Sozialgeographische Schriften, Heft 55 (1991), Frankfurt am Main.

OPPERMANN, A. (1998): *Ölsande in Kanada.*- In: Praxis Geographie, 1998, Heft 11, S.21-24.
PREUSS, O. (1999) : *Fatale Freundschaft.*- Greenpeace Magazin, 1999, Heft 5, S.1-5, *http://www.greenpeace-magazin.de/magazin/reportage.php?repid=1047* (abgerufen am 24.03.2007).

PRIDDLE, R. (Hrsg.) (1994):*Survey of Russian Energy Policies of the Russian Federation.*- http://www.iea.org/textbase/nppdf/free/1990/rusinrus96.pdf (abgerufen am 25.03.2007).

REUTTER, T. (2006): *Pipelinelecks verseuchen Westsibirien - Wie ein riesiger täglicher Tankerunfall.*- http://www.tagesschau.de/aktuell/meldungen/0,1185,OID6007568_TYP6_THE_NAV_REF1_BAB,00.html (abgerufen am 25.03.2007).

RIECK, S. & K. UHLENBROCK (2006): *Infoblatt Ölsand in Kanada. Vorkommen, Förderung, Umweltauswirkungen und zukünftige Entwicklung der Ölsand-Förderung in Kanada.*- http://einfach-anfangen.de/sixcms/list.php?page=geo_infothek&node=Kanada&article=Infoblatt+%D6lsand+in+Kanada (abgerufen am 19.04.2007).

SCHÄFER, K., RICHTER, R. & K. SMID (2006): *Öl für Deutschland, koste es was es wolle.*- www.banktrack.org/.../banktrack%20members%20on%20climate%20and%20energy/0_061004_oil_for_germany.pdf (abgerufen am 25.03.2007).

SCHNEIDER, R. & S. DYER (2006): *Death by a Thousand Cuts – Impacts of in situ Oilsands Development on Alberta's Boreal Forest.*- http://pubs.pembina.org/reports/1000-cuts.pdf (abgerufen am 17.04.2007).

SCHÜLLER, M. (2005): *Vom Boom zur Nachhaltigkeit: Trendwende in der chinesischen Wirtschaftspolitik?.*- In: Woyke, W. (Hrsg.) (2005): *China – eine Weltmacht im Aufbruch?.*- Schwalbach, S.36-53.

STEINECKE, K. (2000): *Bergbau in der Kanadischen Borealis.*- In: Geographische Rundschau 52, 2000, Heft 12, S.28-35.

WEIN, N. (1996): *Die westsibirische Erdölprovinz: Von der „Boom-Region" zum Problemgebiet.*- In: Geographische Rundschau 48, 1996, Heft 6, S.380-387.